JN001333

60分でわかる！　THE BEGINNER'S GUIDE TO
DIGITAL IDENTIFICATION

デジタル
本人確認

＆KYC

[著]
株式会社
TRUSTDOCK

神谷 英亮
笠原 基和
中村 竜人
渡辺 良光

超入門

技術評論社

1分で理解する
デジタル本人確認＆KYC

Q&A

Q. 本人確認とは何ですか？

A. 「相手方が本人であることを確認する手段」のことです。 （→P.14, 20 参照）

本人確認は、「身元確認」と「当人認証」から成ります。不正利用などを防止するため、近年、様々なサービス・手続きにおいて導入が広がっています。

Q. デジタル本人確認とは何ですか？

A. デジタル技術を活用して行われる本人確認です。 （→P.16, 146 参照）

本人確認を必要とするサービスは広がりを見せており、形態も多様化しています。対面・非対面どちらの利用シーンも想定されるデジタル本人確認は、デジタル社会の不可欠な社会基盤となることが期待されます。

Q. 本人確認に関係するルールにはどのような
ものがありますか？

A. 本人確認を義務付ける法律や基準を示す
ガイドラインがあります。 (→P.24, 32 参照)

犯罪収益移転防止法や携帯電話不正利用防止法など、本人確認の実施を
義務付ける法律があります。なお、自主的に本人確認を導入する場合には、
民間事業者向けデジタル本人確認ガイドラインを参照することが効果的です。

Q. マイナンバーカードによる
本人確認は安全ですか？

A. 高いセキュリティ対策が
講じられています。(→P.56, 60 参照)

マイナンバーカードは、電子証明書を用いた公的
個人認証と呼ばれる強固な本人確認手法に唯一対応
しています。マイナンバーの取り扱いについても、個人情
報保護法よりも厳しい義務が課されています。

Q. デジタル本人確認はどのようなサービスで
利用されていますか？

A. 官民問わず、幅広いサービスで利用されて
います。
(→P.98 ～ 111 参照)

具体例として、金融サービス、携帯電話サービス契約など、法令で本人確
認の定めのあるサービスのほか、カーシェアリングやマッチングサービスなどの
民間サービス、行政機関でのサービス利用などがあります。

ひと目でわかる 主なデジタル本人確認手法

法令準拠の人気No.1

ホ方式 (→P.37, 82 参照)

法令準拠

用いる書類	顔写真付きの本人確認書類(マイナンバーカード、運転免許証、在留カードなど)
用いる情報	本人確認書類の券面写真(表・裏・厚みその他)、顔画像
手法の概要	顔写真付き本人確認書類の券面(表・裏・厚みその他)と顔写真(セルフィー)のリアルタイム撮影 ※目視での審査が基本

ICチップを活用

へ方式 (→P.37, 102 参照)

法令準拠

用いる書類	顔写真付き本人確認書類(ICチップあり)(マイナンバーカード、運転免許証、在留カードなど)
用いる情報	本人確認書類の券面データ(ICチップから取得)、顔画像
手法の概要	ICチップ内に記録されている本人確認書類の券面データの送信と顔写真(セルフィー)のリアルタイム撮影

マイナンバーカードで安全・便利

公的個人認証 (→P.37, 84 参照)

法令準拠

用いる書類	マイナンバーカード
用いる情報	署名用電子証明書
手法の概要	マイナンバーカードの署名用電子証明書による確認

スマホ1台で完結

デジタル身分証 (→P.88, 90 参照)

用いる書類	本人確認書類を用いない （デジタル身分証作成時には本人確認書類を用いる）
用いる情報	デジタル身分証に記録されている本人確認情報 （氏名、住所、生年月日等）
手法の概要	スマートフォンの操作により、あらかじめ登録されている本人確認情報を送信する

AI技術を活用

自動ホ方式 (→P.88, 92 参照)

用いる書類	顔写真付きの本人確認書類（マイナンバーカード、運転免許証、在留カードなど）
用いる情報	本人確認書類の券面写真（表・裏・厚みその他）、顔画像
手法の概要	顔写真付き本人確認書類の券面（表・裏・厚みその他）と顔写真（セルフィー）のリアルタイム撮影 ※AIにより迅速な審査

幅広いサービスで普及

アップロード方式 (→P.86 参照)

用いる書類	本人確認書類全般
用いる情報	本人確認書類の画像
手法の概要	本人確認書類の画像のアップロード

Contents

Part **1**　サービスのデジタル化が進む

本人確認で確認すること

Part
4

サービスに適した選択を
安全性を確保するデジタル本人確認
の技術と手法

Part これからどうなる？

7 デジタル本人確認の展望 133

■ 『ご注意』ご購入・ご利用の前に必ずお読みください

本書に記載された内容は、情報の提供のみを目的としています。したがって、本書を参考にした運用は、必ずご自身の責任と判断において行ってください。本書の情報に基づいた運用の結果、想定した通りの成果が得られなかったり、損害が発生しても弊社および著者、監修者はいかなる責任も負いません。

本書は、著作権法上の保護を受けています。本書の一部あるいは全部について、いかなる方法においても無断で複写、複製することは禁じられています。

本文中に記載されている会社名、製品名などは、すべて関係各社の商標または登録商標、商品名です。なお、本文中には ™ マーク、® マークは記載しておりません。

Part

1

サービスのデジタル化が進む

本人確認で
確認すること

私たちの日常生活に欠かせない
本人確認

● 本人確認では必ずしも本人確認書類を必要としない

　本人確認と聞いて、数年前まで多くの人が思い浮かべたのは、銀行口座を開設する際に、運転免許証などの「本人確認書類」を対面で提示する場面でしょう。しかし近年は窓口を訪れることなく**オンライン完結で、しかも短時間で本人確認が完了するシステムを導入する金融機関が増加しています**。また、携帯電話回線の契約や行政手続きの申請、ここ数年利用が拡大しているリサイクル品の売買等でも、身分証として本人確認書類を提出します。これらはいずれも本人確認に該当します。

　しかしながら、日々の生活を見回してみると、**身近な本人確認の多くは、本人確認書類を用いることなく行われていることがわかります**。例えば、スマートフォンやパソコンのロックを解除する際のパスワード入力や顔認証も本人確認の一つです。さらに、予約した飲食店で予約者名を尋ねられ、自分の名前を告げることも本人確認と言えます。本人確認は日常生活に不可欠ですが、飲食店の予約には本人確認書類は必要ありません。

　ではなぜ、**本人確認書類が求められる場面とそうでない場面があるのでしょうか**。対面での本人確認とオンラインの本人確認の違いは何でしょうか。本人確認書類には効力や機能に違いがあるのでしょうか。あるいはなぜ近年、マイナンバーカードの利用が注目されているのでしょうか。

　本書では、これらの疑問について一つひとつわかりやすく解説していきます。

● 本人確認には、常に本人確認書類が必要とは限らない

本人確認が必要な場面でも、本人確認書類（身分証）が要らない時も多い。

携帯電話やパソコンの
ロック解除

飲食店の予約

● 主な本人確認書類

マイナンバーカード　　　　　運転免許証　　　　　　　　　パスポート

在留カード　　　　　　　　健康保険証

まとめ	□ オンライン完結の本人確認を導入する金融機関等が増加している □ しかし、一般的な本人確認が必要な場面では、本人確認書類を用いていないことが多い

「本人確認」は何のために行うのか

● 相手方が本人であることを確認する手段

　本人確認とは、ひと言で言えば、「相手方が本人であることを確認する」手段です。では、相手方とは誰のことで、確認を行う主体は誰なのでしょうか。

　銀行窓口での口座開設を例に考えてみましょう。口座開設が必要な人は、自身の氏名や住所等を書面に記入し、窓口に提出します。これを受けた銀行の担当者は、申請者本人であることを証する書類（本人確認書類）の提示を求め、目視により本人確認書類の真正性、本人確認書類と目の前の人物の一致、書面の記載内容を確認することで本人確認を完了します。この場合、**「相手方」とは申請者である銀行口座を開設する人であり、「確認を行う主体」は銀行、実際に確認を行うのは窓口の担当者**となります。

　銀行口座開設は、現在、郵送などを活用した非対面の手法でも行うことができます。その場合は、申し込みの書面とともに、本人確認書類の写しを同封します。相手方にとっては、窓口に行く必要がないため利便性が高いですが、確認を行う主体にとっては、対面に比べ、なりすましや本人確認書類の偽造等の不正は防ぎにくくなると言えます。

　本人確認の手法は、法令等により具体的に定められているものがある一方で、法令に定めのないものの、自主的に本人確認を取り入れることが有効となるサービスや手続きが多くあります。本人確認を行う主体は、サービスや手続きのリスク、相手方の利便性などを考慮し、本人確認手法を選択すべきです。

● 本人確認の手段

本人確認とは、相手方が本人であることを確認する手段。サービスや手続きの内容に応じたリスクや、相手方の利便性などを考慮し、サービスに適した本人確認を選択する。

対面、目視による確認

郵送による確認

デジタル本人確認

電話などでの本人確認

まとめ	☐ 本人確認とは、相手方が本人であることを確認する手段
	☐ 事業者は、サービスや手続きの内容に応じた本人確認手法を選択することが必要

KYCとデジタル本人確認

● 利用範囲が急速に広がったオンラインの本人確認

　KYC とは "Know Your Customer" の略で、「顧客を知る」という意味になります。KYC が本人確認を指すように説明されることが多いですが、本人確認は、KYC の方策の一つと捉えるのが現実に沿った考え方です。例えば、「マネー・ロンダリング等を防止するために口座開設時に行う本人確認業務」のことを指す場合もあれば、「反社チェック等のバックグラウンドチェック」や「継続的な顧客管理」などを含め KYC と表現する場合もあります。

　本書では、前者に近い「サービス提供にあたってサービス事業者が顧客の本人確認を行うこと」を KYC と呼ぶこととし、対面や郵送ではなく、**オンラインによる KYC を "eKYC（electronic Know Your Customer）" と呼ぶこととします。**

　KYC や eKYC は、数年前まで新規口座の開設の場面など、主に金融機関を中心に導入されてきましたが、現在、本人確認を必要とするサービスは広がり、その形態も多様化しています。

　例えば、カーシェアリングサービスでは、オンラインにより事前に登録を済ませた利用者が本人かどうかを事業者が確認するために、デジタル技術を用いて確認を行うシーンが増えています。また、不動産取引などでは、デジタル技術を用いた顧客の確認手続きも実装されてきています。

　本書では、対面か非対面かにはとらわれず、上記のようにデジタル技術を用いた本人確認を「デジタル本人確認」とし、説明を行います。

● デジタル技術を活用した本人確認

「デジタル本人確認」は、対面、非対面どちらのシーンでも利用されることが想定されている。

公的機関や民間サービスでの本人確認

対面での本人確認　　　　　　　　非対面でのデジタル本人確認

店舗における年齢確認

対面での年齢確認　　　　　　　　非対面でのデジタル年齢確認

まとめ	□ eKYC とは、オンラインによる本人確認 □ 対面、非対面問わずデジタル技術を用いたものは、「デジタル本人確認」と呼ぶ

社会のデジタル化により、急拡大するeKYC市場

● 国や民間によるルール整備が拡大を後押し

　eKYC市場は、急拡大を続けています。調査会社によると、eKYCは、即時本人確認が行える手段として金融機関を中心にニーズが高まり、2021年度には前年度の約2倍の44億3,000万円となりました（P.21上図参照）。今後も導入企業や参入ベンダーの増加が期待できることから、2026年度には152億円に到達することが予測されています。

　この成長の一番の理由となったのが2018年11月に行われた「犯罪による収益の移転の防止に関する法律（犯収法）」（P.34参照）の施行規則改正です。従来、リモートによる本人確認への対応においては本人確認書類の郵送のみが認められていた手続きに対し、**eKYCによる手法が認められたことにより、犯収法に基づく本人確認の対象である金融機関が、相次いでeKYCを導入しました。**

　オンライン化により本人確認手続きが劇的に効率化されたことを受け、犯収法の対象ではないシェアリングエコノミーやマッチングアプリ事業者などもeKYCを盛んに導入しました。この時期、新型コロナウイルス流行による外出控えがあったことも普及に拍車をかけました。

　2023年3月には、複数の民間事業者がデジタル庁と連携して「民間事業者向けデジタル本人確認ガイドライン」を公表しました（P.24参照）。このガイドラインは、eKYCサービス事業者が中心となり、すべての民間事業者向けにeKYCを含むデジタル本人確認に関する基礎知識をまとめたものです。こうしたガイドラインの整備により、eKYC市場の成長が一層加速することが見込まれています。

● 自主的に本人確認を導入するサービスが拡大

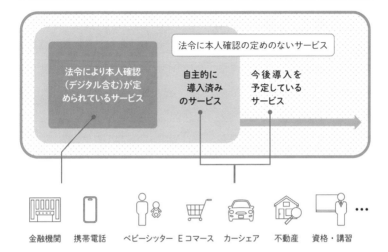

法令に本人確認の定めのないサービス

法令により本人確認（デジタル含む）が定められているサービス

自主的に導入済みのサービス

今後導入を予定しているサービス

金融機関　携帯電話　ベビーシッター　Eコマース　カーシェア　不動産　資格・講習　…

● デジタル本人確認に関する法令やガイドラインの動き

ルールの策定により、デジタル本人確認の導入は拡大し、導入の拡大により、またルールの策定、改定が必要になる。

| 2018年11月 | 犯罪による収益の移転の防止に関する法律施行規則改正
eKYCの複数の手法が定められる |

| 2019年2月 | 行政手続におけるオンラインによる本人確認の手法に関するガイドライン
保証レベルの考え方が示される |

| 2023年3月 | 民間事業者向けデジタル本人確認ガイドライン
民間事業者向けにデジタル本人確認手法が整理される |

| まとめ | ☐ 2018年の犯収法施行規則改正でeKYCが広がった
☐ ルール整備によりeKYC市場は、さらに拡大していく |

本人確認は「身元確認」と 「当人認証」の組み合わせから成る

● パスワードの確認は本人確認と言えるのか

　現代社会では、日常生活においてパスワードの確認や顔認証を、何度も求められます。これは「本人確認」と言えるでしょうか。

　あるいは、オンラインでの銀行口座の開設では、eKYC による本人確認書類や自分の顔写真（セルフィー）の送信が求められます。これも「本人確認」と言えるのでしょうか。

　結論から言えば、上記のいずれも本人確認に該当します。**本人確認は、「身元確認」と「当人認証」の組み合わせから成ります。身元確認とは、利用者がアカウントを登録する際に「利用者が実在する本人である」ことをサービス提供者が確認するプロセス**です。

　一方の**当人認証とは、**パスワード等の「知識」や IC カードといった「所持物」、顔や指紋などの「生体情報」を使い、実際にオンラインで手続きをしている**利用者が間違いなく「あらかじめ登録された本人である」ことを、サービス提供者が確認するプロセス**です。

　金融機関のサービスでいえば、上で例に挙げた口座開設時の本人確認書類の確認が身元確認で、ATM で実際に預金引き出し等を行う際のキャッシュカードと暗証番号の確認が当人認証に該当します。

　身元確認は、本人確認書類の提示が必ずしも必須ではありませんし、当人認証は暗証番号のみで足りるサービスもあります。本人確認を導入する事業者において、どのような身元確認と当人認証が必要かは、法令の有無のほか、運営サービスに伴うリスクのレベル、ユーザーの利便性やコスト等を総合的に勘案して決定されるべきです。

● eKYC市場規模推移および予測（売上金額）

犯収法（P.34参照）の施行規則改正により、eKYCの普及が進むにつれ、eKYC市場の規模が急拡大している。

（単位：億円）

	2020年度	2021年度	2022年度	2023年度	2024年度	2025年度	2026年度
	22	44	67	93	120	140	152

出典：ITR「ITR Market View：アイデンティティ・アクセス管理／個人認証型セキュリティ市場　2023」より。2022年度以降は予測値

● 身元確認と当人認証の違いは？

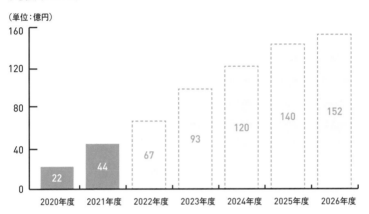

本人確認		確認の内容	確認できること	実用シーンの例
	身元確認 Identity Proofing	・提示された本人確認書類が本物か ・提示された本人確認書類と申告内容が一致するか	本人の実在性	・ユーザー登録 ・銀行口座の開設 ・携帯電話の契約 ・クレジットカードの申し込み
	当人認証 Authentication	・取得されたパスワードや生体情報を、あらかじめ登録されているものと照合し、同一人物であるか	本人の当人性	・ログイン ・スマートフォンのロック解除 ・電話等での問い合わせ時の本人確認

まとめ	□ 本人確認書類の確認、パスワードなどの確認のどちらも本人確認 □ 本人確認は、「身元確認」と「当人認証」の組み合わせ

なりすましや不正を防ぐ本人確認の アシュアランスレベルとは

● 身元確認の保証レベルIAL、当人認証の保証レベルAAL

　本人確認の主目的は、なりすましやフィッシングなどによる不正を防止することです。具体的には、①不正の未然防止、②不正の牽制、③不正時の対応等が挙げられます。いずれも本人確認によってサービスの各段階で不正防止や牽制が可能です。

　本人確認は、身元確認と当人認証で構成されます（P.20 参照）が、いずれにも**不正を防ぐ強度を示す「アシュアランスレベル（保証レベル）」が定義され（右上図参照）、政府が政府機関向けの基準として発行している「行政手続におけるオンラインによる本人確認の手法に関するガイドライン（行政手続ガイドライン）」**（P.42 参照）に示されています。

　本人確認の導入を検討する際には、身元確認、当人認証のそれぞれの保証レベルを理解し、レベルに応じた具体的な手法を意識することが肝要です。例えば、高いレベルの身元確認を行ったとしても、サービス利用時の当人認証が不十分だと、結局は、なりすまし等の不正を許しやすくなってしまいます。

　行政手続ガイドラインには、身元確認の保証レベル IAL、当人認証の保証レベル AAL を導き出すためのフローチャートも示されています。

　また、「民間事業者向けデジタル本人確認ガイドライン」（P.24 参照）では、保証レベルを踏まえ、身元確認、当人認証の主な手法について解説しています。こうした情報を参考に、自社のサービスに応じた本人確認を検討することが効果的です。

● 身元確認と当人認証の保証レベルの考え方

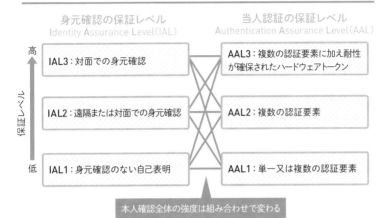

身元確認の保証レベル
Identity Assurance Level(IAL)

当人認証の保証レベル
Authentication Assurance Level(AAL)

高
保証レベル
低

IAL3：対面での身元確認	AAL3：複数の認証要素に加え耐性が確保されたハードウェアトークン
IAL2：遠隔または対面での身元確認	AAL2：複数の認証要素
IAL1：身元確認のない自己表明	AAL1：単一又は複数の認証要素

本人確認全体の強度は組み合わせで変わる

出典：内閣官房 情報通信技術（IT）総合戦略室（2019）「行政手続におけるオンラインによる本人確認の手法に関するガイドライン」より作成

● 銀行と家事代行サービスにおける本人確認の保証レベル（例）

		身元確認	当人認証
銀行	手続き例	口座開設	ネットバンキングへのログイン
	保証レベル	IAL2（オンライン※）またはIAL3（対面）	AAL2 2要素（知識：パスワード+所持：SMS-OTP※2）

※遠隔　　　　　　　　　　　　　　　　　　　　　※SMSによるワンタイムパスワード

		身元確認	当人認証
家事代行	手続き例	ユーザー登録	マイページへのログイン
	保証レベル	IAL2（オンライン※）	AAL1 1要素（知識：パスワード）

※遠隔

まとめ	☐ 本人確認の主目的は、なりすましやフィッシングなどの不正防止 ☐ 身元確認、当人認証それぞれに、強度を示すアシュアランスレベル（保証レベル）が定義されている

自主的に本人確認を導入する
事業者とその課題

◉ 適切な本人確認手法を選択するガイドラインのニーズ

　社会にあるサービスや取引の多くは、法令等による本人確認は求められません。

　法令等で本人確認が定められていない幅広いサービスにおいても、オンラインサービスの急速な普及に対応し、より円滑な手続きやリスク管理を実現するために、eKYC 等による本人確認を自主的に導入する事業者が急速に増えています。

　しかしながら、**法令等で本人確認の定めのない事業者の場合、自サービスで対応すべき本人確認手法が明確ではない**ため、リスクと比較し厳格すぎる本人確認手法を選択してしまう過剰対応や、本人確認の導入を断念するといった声も聞かれ、自主的に本人確認を導入する事業者が適切な手法を選択するためのガイド策定へのニーズが高まっていました。

　こうしたニーズを受け、**2023 年 3 月、 OpenID ファウンデーション・ジャパンに加盟する 10 社とデジタル庁が中心となり**、本人確認に関する基礎知識や本人確認を導入する際の留意点、各手法の特徴をまとめた「**民間事業者向けデジタル本人確認ガイドライン**」を取りまとめました。

　本人確認の実施は、専門事業者に委託することも可能です。デジタル本人確認ガイドラインでは、委託をする場合の留意点もまとめられているので、同ガイドラインを参考にして自社のサービスに応じた本人確認の対応を検討することが効果的です。

● 法令等の定めのない民間事業者のeKYC導入時の懸念

行政機関

デジタル手続法等の法令

╋

行政手続におけるオンラインによる本人確認の手法に関するガイドライン

本人確認について一定の指針が存在している

民間事業者
法令等で義務付けられた本人確認手法を選択

法令等で本人確認（デジタル含む）が定められているサービス

自主的に本人確認を導入済みのサービス

今後本人確認の導入を検討しているサービス

法令等で本人確認の定めのないサービスを提供している事業者は、本人確認に関する指針がないため、自社サービスに適した本人確認手法がわからない
①金融機関等と同等の本人確認手法を導入（＝過剰対応）
②本人確認の導入を断念（＝不正リスクの懸念）

● ガイドラインの主な利用シーン

① 個々の事業者として直接参照するケース

民間事業者向け
デジタル本人確認
ガイドライン
🔵 OpenID

自社で本人確認を導入する際に、具体的な本人確認の手法や特徴・留意点を参照する

② 団体として参考にするケース

団体

民間事業者向け
デジタル本人確認
ガイドライン
🔵 OpenID

業界基準等

事業者団体等が本人確認に関わる規定等を整備する際に、保証レベルの考え方や手法を参照する

まとめ	□ 自主的に本人確認を導入する事業者が増えている
	□ 2023年3月に、本人確認を導入する事業者に向けて、「民間事業者向けデジタル本人確認ガイドライン」がリリースされた

GoogleやFacebookのアカウントを使ったログイン

● ソーシャルログインのメリットと仕組み

　Web サービスへの登録やスマホアプリやゲームを利用する際、Google や Facebook などのオンラインサービスやソーシャルネットワークサービスのアカウントを用いて登録・ログインする方法があります。これは一般に「ソーシャルログイン」と呼ばれ、ユーザーにとっては、①改めてユーザー情報等を入力する必要がない（身元確認の省略）、②普段利用しているアカウントを用いてサービスにログインできる（当人認証の簡略化）、といったメリットがあります。また、サービスを提供する事業者にとっても、①会員登録時の離脱が減る、②ユーザー認証情報の管理（パスワードの管理や再発行等）が不要、といったメリットがあり、ログイン方法の実装を検討する際、有効な選択肢の一つとなっています。

　こうした**ソーシャルログインを提供している事業者は、アイデンティティプロバイダー（IdP）と呼ばれます。IdP は、ユーザーのアイデンティティ情報を管理し、ユーザーの同意の上で Web サービス等を提供する事業者（RP：Relying Party）に提供します。**

　近年、ソーシャルログインの提供元では、ログイン時のパスワードの入力に加え、ワンタイムパスワードの入力やアプリケーションのプッシュ認証を組み合わせた二段階認証が実装されています。もちろん、ソーシャルログインを利用するユーザーがすべて二段階認証の機能を利用しているわけではありませんが、ソーシャルログインを導入することで、パスワードだけの認証よりも、より強固な認証を手軽に導入することができます。

● ソーシャルログインのイメージ図

IdPを利用した
ソーシャルログ
インのボタン

● ソーシャルログインの仕組み

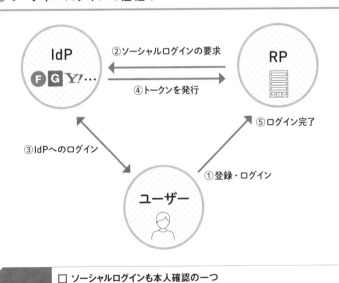

まとめ	□ ソーシャルログインも本人確認の一つ □ ユーザー情報を他社（IdP）に依拠し、手軽でセキュアなログインが 可能となる手法

デジタル技術の発達により
進化する本人確認

● スマートフォン操作で完結する新たなデジタル本人確認

　デジタル本人確認を行うためには、マイナンバーカードや運転免許証などを所持し、かつ、スマートフォンで撮影したり、IC チップ情報を読み取ってオンラインで送信する必要があります。

　マイナンバーカードについては、2023 年 5 月現在、運転免許証の交付枚数を超えており、名実ともに本人確認書類の代表格となりました。しかし、キャッシュレス化が進展しお財布を持ち歩かない人も増える中で、必ずしも常にマイナンバーカードを持ち歩いている人ばかりではないでしょう。

　また、書類を撮影したり、IC チップを読み取ること自体を困難と感じるユーザーもいます。本人確認書類の撮影では、光の反射やピントがずれないようにする必要があり、撮影がうまくできない場合、本人確認を完了できません。また、IC チップ読み取りも、スマートフォンごとに異なる NFC アンテナの有無や位置、さらには IC チップから情報を読み出すための暗証番号を覚えているかといったことが障壁となって**本人確認を完了できないケースが一定存在**しています。

　こうした現状のデジタル本人確認の課題解決に向けたサービスやプロダクトも登場しています。2023 年 5 月には、マイナンバーカードの電子証明書機能のスマートフォンへの搭載が始まったほか、あらかじめスマートフォンに本人確認情報を登録しておき、スマートフォンの操作だけでデジタル本人確認が完了する手法も登場しています（P.90 参照）。

● これまでのデジタル本人確認

本人確認書類を撮影する・かざす（最低でも数十秒が必要）

課題	・本人確認書類を持っていない ・本人確認書類を持ち歩いていない ・撮影が上手くできない ・読み取りが上手くできない	▶	本人確認を 完了できない

● これからのデジタル本人確認（スマートフォン完結）

事前に登録した本人確認書類情報をスマホ操作で連携（数秒で手続きが完了）

特徴	・本人確認が数秒で完結 ・適切なデータ連携	▶	スマートフォン 1台で本人確認を 完了

まとめ	☐ これまでの本人確認（特に身元確認）では本人確認書類の所持や 　身元確認情報の送信が課題 ☐ 最近では、スマートフォン操作で完結する手軽な手法が登場している

本人確認における当人認証の重要性

　本人確認全体の強度を高めるためには、身元確認だけでなく、当人認証（P.20参照）を意識することも重要です。

　当人認証を行うためには、「知っている」「持っている」「私である」の3つの要素を確認します。ログインでよく用いられるパスワードは「知っている」であり、利用者本人しか知らないパスワードを確認することで、その人が本人であることを確認します。また、「私である」は生体認証とも呼ばれ、顔や指紋などの特徴を確認することでその人が本人であることを確認します。3つの要素にもそれぞれ特徴があり、それら特徴を踏まえつつ、対象とする脅威に対応可能な手法を選択することが重要です。

　また、本人確認全体の強度は、身元確認と当人認証の両方を踏まえることが重要であり、仮にどれだけ厳密な身元確認を行ったとしても、当人認証でなりすましが容易であれば、全体の強度は低いものとなります。例えば、金融機関では、口座開設時に本人確認書類に基づく身元確認が求められますが、送金時にもパスワードに加え、SMS等で送信されたワンタイムパスワードの入力を組み合わせるなど、当人認証の保証レベルを高めたものが一般的です。

　ただし、厳格な当人認証は、事業者や利用者の負担が高まります。そのため、必要なリスクへ対応できる手法の中から、ユーザビリティやコスト等を踏まえて選択するという考え方は、身元確認と同様です。さらに、近年では、パスキー（P.96参照）など強度と利便性を兼ね備えた仕組みも登場してきており、こうした最新動向をフォローすることも重要となります。

Part

2

事業者が知っておくべきルール

本人確認を
取り巻く
法令を知る

本人確認に関するルール

● 本人確認の手法を可視化する法令

　第1章では、本人確認とは何か、なぜ必要とされるのか、どのような手法があるのか、といったことを説明してきました。

　社会には様々なサービスが存在します。中には、金融業における不正な送金など、本来意図されていなかった者にサービスが提供されてしまった場合に及ぼす悪影響が大きいものもあります。こうしたサービスについては、法令等で本人確認の実施が義務付けられている場合があります。本章では、こうした本人確認に関して一定のルールを設けている法律やガイドラインのポイントを解説します。

　第1章で解説したとおり、本人確認は、大きく「身元確認」と「当人認証」で構成されます。このうち**「身元確認」に関しては、業態によっては、具体的な手法まで個別の法令で規制されています。**また、法令で定められている手法は必ずしも一様ではなく、個々の法令の趣旨や目的によって異なります。例えば、犯罪収益移転防止法では、マネー・ロンダリング等を防止する観点から、金融機関等に対し、顧客が実在する特定の人物であることを所定の身元確認手法で確認することが厳しく求められます。

　一方、**「当人認証」に関しては、身元確認のように手法を詳細に規定しているものはありません**が、IDやパスワード等での当人認証について規定する法令も、一部に存在します。また、法令ではありませんが、NIST（米国立標準技術研究所）のガイドライン（P.40参照）をベースに策定された政府のガイドラインでは、身元確認・当人認証の手法についての保証レベルを示しています（P.42参照）。

● 本人確認を巡る法令等による規制

個々のルールの趣旨や目的を踏まえて、必要となる本人確認の手法について、あらかじめ具体的な基準が示されている領域がある。

NIST SP 800-63-3を参照

本人確認の目的	身元確認	当人認証	主な対象
オンライン行政手続きに必要な本人確認手法の検討のための参考	行政手続ガイドライン		行政機関
マネー・ロンダリング等の防止	犯罪収益移転防止法	一部を除き、個別の手法について法令で具体的な定めなし	金融機関等
携帯電話等の不正な利用等の防止	携帯電話不正利用防止法		携帯電話事業者
盗品等の売買の未然防止	古物営業法		古物商
出会い系サイト等に起因する犯罪からの児童の保護	出会い系サイト規制法		インターネット異性紹介事業者
⋮	⋮		⋮
個人番号の利用に係るなりすまし犯罪等の防止	マイナンバー法		個人番号取扱事業者

注：例えば、古物営業法では、同法が定める身元確認手法によりすでに身元確認済みの顧客について、2回目以降はID・パスワードの入力等による確認を行う場合には、身元確認を行わずとも足りるとされているなど、一部において、当人認証の考え方を採用する法律の例はある

まとめ	□ 法令によって本人確認の実施が義務付けられるサービスがある □ 身元確認は、法令によって個別の手法が定められている

犯収法① 犯罪収益移転防止法の概要

● 本人確認を義務付ける法律の代表格

　前節で解説したように、社会への悪影響を防ぐことを目的として、いくつかの法律では、事業者に対して、利用者の本人確認を行うことを義務付けています。

　このうち、本人確認義務を課される事業者や対象となる取引の範囲が広く、知らず知らずのうちに私達の生活にも密接に関係している法律が「犯罪収益移転防止法」（以下、犯収法）です。例えば、銀行で口座開設や送金を行う際には、本人確認が求められますが、これは、犯収法が、銀行等の金融機関をはじめとする「特定事業者」に対し、利用者が一定の取引（特定取引）を行う際の本人確認を義務付けていることによるものです。

　犯収法は、犯罪収益を用いたマネー・ロンダリング等を防止するために制定された法律で、**特定事業者に対し課される義務は、主に**
① **「本人確認」（取引時確認）**
② **「取引等の記録の作成・保存」**
③ **「疑わしい取引の届出」**
で構成されています（右図参照）。特定事業者が行うべき本人確認については、利用可能な本人確認書類（身分証の種類等）、確認すべき項目等の要件が詳細に定められています。また、従来は対面・郵送での本人確認のみが認められていましたが、**2018年の法令改正によって、オンラインで完結する本人確認手法（eKYC）も複数認められました。**これにより、各種サービス申し込みのオンライン手続きのスピードが向上するなど、利用者の利便性も向上しています。

● 犯罪収益移転防止法（犯収法）の概要

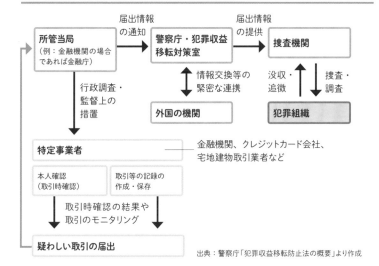

出典：警察庁「犯罪収益移転防止法の概要」より作成

● 犯収法における特定事業者の主な義務

取引時確認	顧客との間で特定取引を行う場合には、本人特定事項の確認、取引目的、職業等の確認を行う必要（自然人・法人、特定事業者の類型により確認事項は異なる）
確認記録の作成・保存義務	取引時確認を行った場合には、直ちに取引記録等を作成し、特定取引等に係る契約が終了した日から7年間保存する必要
取引記録の作成・保存義務	特定業務に関する取引を行った場合には、直ちに取引記録等を作成し、取引の行われた日から7年間保存する必要
疑わしい取引の届出義務	顧客が取引に関しマネー・ロンダリング行為を行っている疑いがあると認められる等の場合に、行政当局に対し、速やかに疑わしい取引の届出を行う必要
体制整備	取引時確認をした事項を最新の内容に保つための措置等を講じる必要

まとめ	□ 金融機関等は、犯収法で本人確認が義務付けられている □ 犯収法の本人確認は、2018年の法令改正によってオンライン完結の手法でも実施可能になっている

犯収法② 犯罪収益移転防止法における特定事業者の義務

● 犯収法における本人確認とeKYC

　マネー・ロンダリング対策においては、不正リスクの疑われる取引が行われようとする際に、事業者が顧客の身元をしっかりと確認し、それを記録することで、不正取引の未然の抑止や、取引時確認を通じた疑わしい取引の届出・事後的な捜査への活用等につなげていくことが可能となります。こうした観点から、犯収法では、特定事業者に対し、顧客との間で特定取引を行う際、取引時確認を行うことを義務付けています。

　取引時確認の際の確認事項は、顧客の属性（自然人、法人など）によって異なります。顧客が自然人の場合、氏名・住所・生年月日の確認に加え、取引目的・職業の確認が必要とされています（右上図参照）。一定のリスクの高い取引については、これらに加えて「資産及び収入の状況」の確認を行うことも求められます。

　また、取引時確認に際しての本人確認は、本人確認書類の種類、対面か非対面（郵送・オンライン）などの状況ごとに確認方法が定められています。**対面や郵送以外に、オンラインのみで手続きが完結する本人確認（eKYC）の手法も認められ**ており、例えば、顧客が自然人の場合には、**PCやスマートフォンにより撮影した本人確認書類の画像やICチップ情報を送信する手法、公的個人認証サービスの署名用電子証明書（マイナンバーカードに搭載されている署名用電子証明書）を用いる手法**など、**複数の手法が定められています**（右下図参照）。

◉ 犯収法の本人確認の枠組み

誰が	**特定事業者**	金融関連事業者／ファイナンスリース業者／クレジットカード事業者／宅地建物取引業者／貴金属等取扱事業者／電話転送サービス業者／士業者／カジノ事業者 等
いつ	**特定取引**	預貯金契約／現金送金（10万円超）／保険契約／証券取引／クレジットカード契約／宅地建物の売買／カジノチップの販売換金 等
何を	**本人確認**	• 氏名、住所、生年月日 • 取引目的、職業、（高リスク取引の場合は）資産・収入の状況等の確認も必要

◉ オンライン完結の主な本人確認手法

方式	用いる書類	詳細
ホ方式	本人確認書類の画像＋顔写真	「写真付き本人確認書類の画像」（氏名、住所、生年月日、写真、書類の厚みその他の特徴を確認できるもの）と「容貌の画像」の送信を受ける方法
ヘ方式	本人確認書類のICチップ情報＋顔写真	「写真付き本人確認書類のICチップ情報」（氏名、住所、生年月日、写真の情報）と「容貌の画像」の送信を受ける方法
ト方式（照会型）	本人確認書類（画像/ICチップ）＋銀行等の顧客情報照会	「本人確認書類の画像またはICチップ情報」の送信を受けるとともに、他の特定事業者（銀行等）から顧客のID/パスワード等の申告を受ける方法
ト方式（振込型）	本人確認書類（画像/ICチップ）＋顧客口座への振り込み	「本人確認書類の画像またはICチップ情報」の送信を受けるとともに、顧客の預金口座に振込を行い、振込金額が記載の通帳の写しの送付を受ける方法
ワ方式	公的個人認証サービスの署名用電子証明書	公的個人認証サービスの「署名用電子証明書」（マイナンバーカードに搭載）と「電子証明書で確認される電子署名が行われた取引の情報」の送信を受ける方法
ヲ・カ方式	民間事業者発行の電子証明書	「民間事業者発行の電子証明書」（氏名、住所、生年月日の記載）と「電子証明書で確認される電子署名が行われた取引の情報」の送信を受ける方法

注：自然人の場合

まとめ	□ 犯収法では、利用できる本人確認手法が列挙されている □ オンライン手法では、画像撮影や IC チップ情報の活用が可能

犯収法③ 身元確認を第三者に依拠する方法

● 法令の認める身元確認の第三者への依拠

これまで見てきたとおり、犯収法の特定事業者は、顧客との間で特定取引を行う際には、通常、取引時確認を行うことが義務付けられています。

同時に、犯収法では、通常の取引時確認を行わないことを許容する規定も存在します。適用にあたっての詳細な要件はありますが、大きなイメージとしては、以下のような場面で、他の特定事業者の行う取引時確認の結果を活用することにより、取引時確認に関する義務を軽減することが可能とされています（右図参照）。

①取引時確認を省略できる場面

他の特定事業者に委託して行う金融関係の取引で、他の特定事業者が過去に取引時確認済の顧客との間の取引の場合（施行令13条）

②取引時確認を簡素化できる場面

他の特定事業者（銀行等）の口座振替等で決済される取引で、取引時確認等の実効性を確保するための合意があらかじめなされている場合（施行規則13条）

なお、他の特定事業者に、本人確認を含む取引時確認を依拠する場合、上記のいずれの場合であっても、依拠先（他の特定事業者）が取引時確認を適切に実施していなかった場合の責任は、本来義務を負うべき者、すなわち依拠元である特定事業者にある点には留意が必要です。これらの規定を活用して取引時確認を依拠する場合には、連携先の取引時確認のプロセス等が適切か否かをしっかりと見定めることが重要です。

● 取引時確認（本人確認）の第三者への依拠

犯収法の取引時確認には、一定の要件のもとで「例外」（省略）と「特例」（簡素化）による第三者への依拠の枠組みが認められている。

	通常の取引時確認	他の特定事業者の取引時確認への依拠	
	原則	例外（政令13条）	特例（規則13条）
本人確認の実施	必要	省略	簡素化※1
対象となる取引	特定取引全般	金融関係の特定取引（口座開設、送金、貸付、有価証券売買 等）	口座引落・クレジットカード決済で決済される一定の特定取引※2
依拠先	――	他の特定事業者（金融関係の特定取引を扱う事業者）	他の特定事業者（銀行、クレジットカード会社）

例外（取引時確認は省略）

自らのサービス（金融関係取引）の委託先（依拠先）で、過去に別の取引で顧客を取引時確認・記録済みの場合。

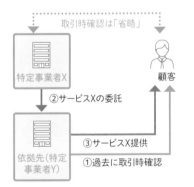

特例（取引時確認は簡素化）

自らのサービス（口座振替等）を行う銀行等（依拠先）で、過去に取引時確認・記録済み、かつ、依拠することの合意がある場合。

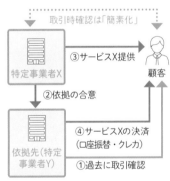

※1「特例」は、あくまで取引時確認の方法として、他者の確認結果の活用を認めるもので、義務そのものが免除されるわけではない点に留意。例えば、依拠先の特定事業者が行った本人確認により得られた情報を確認することが必要。また、確認記録の作成義務は免除されない

※2 口座振替などで決済されるものであっても、すべての特定取引ではない点に留意（詳細は法令で列挙）。例えば、特定事業者でも宅建事業者、貴金属売買業者の扱う業務に関する取引などは対象外

まとめ	□ 犯収法は、第三者の本人確認結果に依拠する手法も認めている
	□ 依拠を行う場合には、依拠先との連携プロセスの適切性等にも十分な配慮が必要

米国政府機関向けに策定された
NISTガイドライン

▶ 国際的に広く参照される "虎の巻"

　NIST SP 800-63（デジタルアイデンティティガイドライン）
は、NIST（米国立標準技術研究所）が電子的な本人確認に関して、
米国政府機関向けに策定したガイドラインです。このため、他国
の政府機関や民間企業に適用されるものではありませんが、ここ
で示されている考え方は非常に有用なものと認知されており、国
際的な技術標準に近い形で様々な業界で広く参照されています。日
本の行政手続ガイドライン（P.42参照）も、これを参考に作成され
ています。

　NISTガイドラインは、時宜に応じ改訂されており、2017年6月
に公表された第3版となるNIST SP 800-63-3が最新です（2023年6
月現在）。

　NIST SP 800-63-3では、電子的な本人確認を行う際に重要な3
つの場面を、身元確認（Identity Proofing）・当人認証
（Authentication）・認証連携（Federation）に区分した上で、
それぞれについて、IAL（身元確認の保証レベル）、AAL（当人認
証の保証レベル）、FAL（認証連携の保証レベル）として保証レベ
ルを示しています。事業上のリスク影響度や個人データの取り扱い
の有無などを踏まえて、実際のサービス内容に応じた保証レベルの
手法を検討する際に有用なツールとなっています。また、各保証レ
ベルの詳細はそれぞれが独立した形で、サブドキュメント化されて
いるため、各場面の保証レベルを合わせて組み合わせて活用・参照
することも可能です。

● NISTガイドラインの構造

全体のガイドライン	独立したサブドキュメント
	SP 800-63A 身元確認のアシュアランスレベル(IAL)について記載
SP 800-63-3	SP 800-63B 当人認証のアシュアランスレベル(AAL)について記載
	SP 800-63C 認証結果の連携手法のアシュアランスレベル(FAL)について記載

● NISTが定めるアシュアランスレベル

IAL (Identity Assurance Level) ユーザーが申請者として新規登録する際に行われる身元確認プロセスの厳密さ、強度を示す	IAL3	対面での身元確認が必要であり、本人確認書類の検証を有資格者が実施
	IAL2	本人確認書類での確認をリモートまたは対面で実施
	IAL1	本人の実在性の確認や検証は行わず、自己申告を許容

AAL (Authenticator Assurance Level) 登録済のユーザーがログインする際の当人認証プロセスの厳密さ、強度を示す	AAL3	2要素認証以上(暗号鍵の所持証明要素、ハードウェアの関与が必要)
	AAL2	2要素認証以上(2要素目の認証手段はソフトウェアによるもので可)
	AAL1	単要素認証でよい

FAL (Federation Assurance Level) IDトークンなど認証結果データのフォーマットや連携手法の厳密さ、強度を示す	FAL3	認証結果データへの署名・暗号化、これと紐付く秘密鍵の本人所有を証明できる連携
	FAL2	アカウント発行元の署名・暗号化された認証結果データによる連携
	FAL1	アカウント発行元の署名付き認証結果データによる連携

まとめ	☐ NIST ガイドラインは、IAL・AAL などの保証レベルを定義している ☐ 国際的な技術標準に近いものとして、日本の行政手続ガイドラインをはじめ広く参照されている

行政手続き向けのガイドライン

● 行政のデジタル化に不可欠な本人確認

　民間サービスのみならず、行政サービスにおいても、オンラインでの本人確認の実施は不可欠な時代になっています。2018 年には、行政のあり方そのものをデジタル前提で見直すため「デジタル・ガバメント実行計画」が策定されました。これを踏まえ各種の行政手続きをデジタル化するにあたり、**オンラインでの本人確認手法を選定する上での考え方や手法例を整理した「行政手続ガイドライン」**（行政手続におけるオンラインによる本人確認の手法に関するガイドライン）が 2019 年に公表されました。

　具体的には、各省庁が法令等に基づき実施する行政手続き（個人・法人と政府の間の申請や届出等）をオンライン化する際に、

- **考慮すべきリスクの影響度**
- **その影響度に応じた本人確認手法の保証レベル**
- **各保証レベルに求められる対策基準**

などが記載されています。

　同ガイドラインでも、本人確認手法の「保証レベル」について、「身元確認の保証レベル」（IAL）と「当人認証の保証レベル」（AAL）とに区分した上で記載が示されていますが、その定義や判定手法については、米国 NIST SP 800-63-3 の考え方（P.40 参照）をベースに策定されています。その上で、具体的な本人確認手法の例として、マイナンバーカードの公的個人認証など、日本特有の手法例が盛り込まれている点が、同ガイドラインの特徴の一つと言えます。

● 行政手続ガイドラインの位置付けと構成

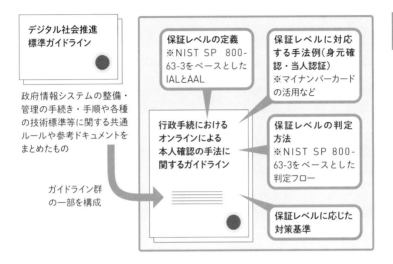

デジタル社会推進
標準ガイドライン

政府情報システムの整備・
管理の手続き・手順や各種
の技術標準等に関する共通
ルールや参考ドキュメントを
まとめたもの

ガイドライン群
の一部を構成

保証レベルの定義
※NIST SP 800-
63-3をベースとした
IALとAAL

保証レベルに対応
する手法例（身元確
認・当人認証）
※マイナンバーカード
の活用など

行政手続における
オンラインによる
本人確認の手法に
関するガイドライン

保証レベルの判定
方法
※NIST SP 800-
63-3をベースとした
判定フロー

保証レベルに応じた
対策基準

● 行政手続ガイドラインの対象

本人確認が必要と見込まれる行政手続きのうち、個人・法人等と政府との間の申請・届出
等のオンライン手続きが対象となる（政府機関内部の手続きや民間サービスは対象外）。

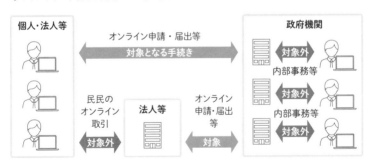

個人・法人等

オンライン申請・届出等
対象となる手続き

政府機関

対象外
内部事務等

民民の
オンライン
取引

法人等

オンライン
申請・届出
等

対象外
内部事務等

対象外

対象

対象外

出典：「行政手続におけるオンラインによる本人確認の手法に関するガイドライン」より作成

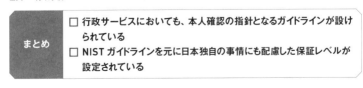

まとめ

□ 行政サービスにおいても、本人確認の指針となるガイドラインが設け
　られている
□ NIST ガイドラインを元に日本独自の事情にも配慮した保証レベルが
　設定されている

携帯電話不正利用防止法による
本人確認義務

● 最も身近な本人確認

　犯収法同様、事業者に対し本人確認の実施を義務付けている法律の一つに、**携帯電話不正利用防止法**があります。誰もが携帯電話を持つこの時代、最も身近な本人確認シーンと言えるでしょう。

　同法は、いわゆる**特殊詐欺**など、**携帯電話を悪用したなりすましによる犯罪行為を防止すること等を目的に制定された法律**で、携帯電話事業者に対し、契約者の本人確認の実施を義務付けています。

　規制の対象事業者には、通信キャリアやMVNOに加え、販売代理店やレンタル携帯電話事業者も含まれます。また、SIMカードの入れ替えにより本人確認した契約者の名義以外でも携帯電話を利用可能な事情も踏まえ、**携帯電話端末の契約・譲渡時のみならず、SIMカードの契約・譲渡の際も本人確認が必要**とされています。

　同法の本人確認も、犯収法と同様、公的身分証などの本人確認書類をもとに、氏名・住所・生年月日からなる本人特定事項を確認することが必要とされており、対面・非対面といった場面ごとに認められる手法が詳細に定められています。対面では、本人確認書類（P.12参照）の提示による手法、その他定められた公的証明書（住民票の写し等）の提示と転送不要郵便（携帯電話端末と契約書類）の送付による手法の2つが認められています。非対面でも、本人確認書類（原本やその写し）の送付と転送不要郵便（携帯電話端末と契約書類）の送付による手法に加え、犯収法同様、オンラインのみで完結可能な手法も認められ（右下図参照）、eKYCの実施ケースが増加しています。

◉ 携帯電話不正利用防止法の本人確認の枠組み

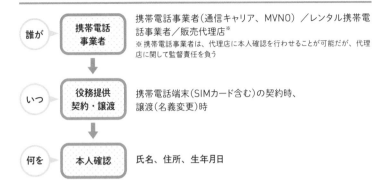

誰が → **携帯電話事業者** — 携帯電話事業者(通信キャリア、MVNO) ／レンタル携帯電話事業者／販売代理店※
※携帯電話事業者は、代理店に本人確認を行わせることが可能だが、代理店に関して監督責任を負う

いつ → **役務提供契約・譲渡** — 携帯電話端末(SIMカード含む)の契約時、譲渡(名義変更)時

何を → **本人確認** — 氏名、住所、生年月日

◉ 携帯電話不正利用防止法の本人確認の手法

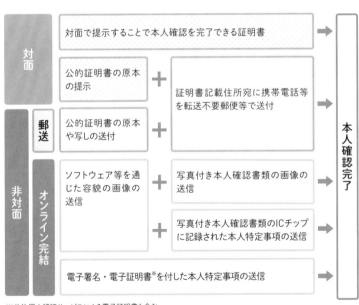

対面

対面で提示することで本人確認を完了できる証明書 ➡

公的証明書の原本の提示 ＋ 証明書記載住所宛に携帯電話等を転送不要郵便等で送付 ➡

非対面

郵送

公的証明書の原本や写しの送付 ＋ 証明書記載住所宛に携帯電話等を転送不要郵便等で送付 ➡

オンライン完結

ソフトウェア等を通じた容貌の画像の送信 ＋ 写真付き本人確認書類の画像の送信 ➡

＋ 写真付き本人確認書類のICチップに記録された本人特定事項の送信 ➡

電子署名・電子証明書※を付した本人特定事項の送信 ➡

本人確認完了

※公的個人認証サービスによる電子証明書も含む

まとめ
- □ 携帯電話の契約も法律に基づく本人確認の実施が求められる
- □ 犯収法と同様、オンラインでの本人確認の手法も認められている

古物営業法による本人確認義務

●リユース事業者においても重要な本人確認

　古物営業法は、中古品やリサイクル品など、古物の売買等に関して必要なルールを定めた法律です。いわゆるリユース事業者など古物営業を行う事業者（古物商）には、同法に基づき、大きく、①取引相手の本人確認、②帳簿等の作成・保存、③不正品の申告の義務が課されています。これらは、先に挙げた犯収法が特定事業者に課す①取引時確認（本人確認）、②記録作成・保存義務、③疑わしい取引の届出義務と類似の構造と言ってよいでしょう。

　犯収法の特定事業者にも貴金属等取扱事業者が含まれていますが、**古物営業法は窃盗その他の犯罪の防止、被害の迅速な回復を目的とする法律**であるため、古物が不正品か否かに主眼を置いた規制となっています。そのため、**事業者が古物を買い受ける際の本人確認義務等がありますが、売却する際の義務はありません。**

　これに対し、犯収法は、マネー・ロンダリング等の隠れ蓑として利用される可能性のある取引を補足する観点から、現金取引にも着目しています。このため、古物を買い受ける場合のみならず、売却する際にも、200万円を超える現金取引が行われる場合には、本人確認義務を課しています。

　本人確認の手法は、オンライン完結で実施することも許容されており、犯収法と類似の手法が法令で規定されています。なお、古物営業法では、初回に法定の手法での本人確認措置を行った場合、2回目以降は、相手方に発行したID・パスワードを用いた当人認証の処理をもって本人確認とすることも可能とされています。

● 古物営業法の本人確認の枠組み

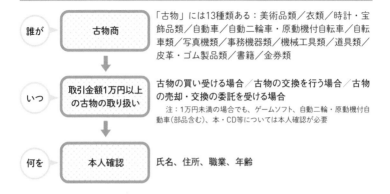

| 誰が | 古物商 | 「古物」には13種類ある：美術品類／衣類／時計・宝飾品類／自動車／自動二輪車・原動機付自転車／自転車類／写真機類／事務機器類／機械工具類／道具類／皮革・ゴム製品類／書籍／金券類 |

| いつ | 取引金額1万円以上の古物の取り扱い | 古物の買い受ける場合／古物の交換を行う場合／古物の売却・交換の委託を受ける場合
注：1万円未満の場合でも、ゲームソフト、自動二輪・原動機付自動車（部品含む）、本・CD等については本人確認が必要 |

| 何を | 本人確認 | 氏名、住所、職業、年齢 |

● 古物営業法の本人確認の手法

| | | 対面 | → | |

非対面　オンライン完結

| 容貌画像の送信 | ＋ 顔写真付き本人確認書類の画像の送信
＋ 顔写真付き本人確認書類のICチップ情報の送信 |
| 公的個人認証サービスにより電子証明書・電子署名を付した本人確認事項の送信 |
| 民間発行（特定認証業務を行う署名検証者）の電子証明書・電子署名を付した本人確認事項の送信 |
| 初回に上記のいずれかの方法で身元の確認を行った際に発行されたID・パスワードの送信（2回目以降） |

本人確認完了

| まとめ | □ 事業者が顧客から古物を買い受ける場合には本人確認が必要
□ 犯収法と同様、オンラインでの本人確認の手法も認められている |

出会い系サイト規制法による
年齢確認義務

● マッチングアプリにおける本人確認

　スマートフォンの普及やコロナ禍により、リアルでの出会いの機会の減少なども相まって、最近では、いわゆる恋活・婚活などを目的とするマッチングアプリの利用が増加しています。

　出会い系サイト規制法は、過去に、いわゆる出会い系サイトの利用をきっかけとする児童買春等の犯罪の社会問題化を背景に、こうした**犯罪から児童（18歳未満の者）を守ることを目的として2003年に施行された法律**です。同法は、インターネットを通じた異性との出会いの場を提供するサービス（インターネット異性紹介事業）を提供する事業者に届出を求め、サービスを利用しようとする者に年齢確認を実施することなどを義務付けています。

　法律施行当初は利用者の自己申告による年齢確認が許容されていましたが、現在は、原則、以下のいずれかでの確認が必要です。

　　①利用者の身分証明書から、生年月日などの必要部分の提示、写しの送付または画像の送信を受ける方法

　　②クレジットカードでの支払いなど、通常児童が利用できない方法で料金を支払う旨の同意を得る方法

　これらの方法で年齢確認済みの利用者にIDやパスワードを付与し、2回目以降の利用時は、その入力をもって、改めての年齢確認プロセスは要しません。同法の本人確認は、年齢の確認（児童でないことの確認）に主眼があり、他の本人確認を義務付ける法律に比べると詳細な手法が定められているわけではありませんが、身元確認と当人認証の両方の要素が盛り込まれている点に特色があります。

● 出会い系サイト規制法の枠組み

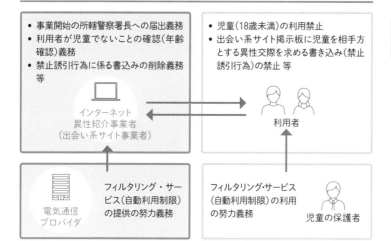

- 事業開始の所轄警察署長への届出義務
- 利用者が児童でないことの確認（年齢確認）義務
- 禁止誘引行為に係る書込みの削除義務 等

インターネット
異性紹介事業者
（出会い系サイト事業者）

- 児童（18歳未満）の利用禁止
- 出会い系サイト掲示板に児童を相手方とする異性交際を求める書き込み（禁止誘引行為）の禁止 等

利用者

電気通信プロバイダ

フィルタリング・サービス（自動利用制限）の提供の努力義務

フィルタリング・サービス（自動利用制限）の利用の努力義務

児童の保護者

● 出会い系サイト規制法の年齢確認

児童でないこと（18歳未満）の確認

身分証明書による確認

本人の年齢、身分証明書の名称・発行元がわかる部分の提示、写しの送付、画像の送信（対面・郵送・オンラインいずれも可能）
※身分証明書として、運転免許証、健康保険証、年金手帳、パスポート、在留カードなどが想定

児童が通常利用できない方法によって料金を支払う旨の同意

クレジットカードの利用
※有料でサービス提供する場合において、クレジットカードの番号、有効期限等の提供を受けて、そのクレジットカードを使用して料金を支払う旨の同意を得るような場合

年齢確認済み利用者にID・パスワードを付与して、利用時にその入力を求める場合は、2回目以降の年齢確認プロセスは不要

まとめ	□ 出会い系サイト規制法は、児童でないことの確認（年齢確認）を必要とする □ 身元確認と当人認証の両方の要素が盛り込まれている

海外の本人確認に関わる基準

　40ページで紹介したNISTガイドラインは、現在第4版（NIST-4）の改訂へ向けた検討が進められています。2022年12月にはNIST-4のドラフトが公開されましたが、第3版と比較して様々な変更が加えられています。

　本人確認に関わる内容変更も複数ありますが、その中で最も影響が大きいと考えられるものは、身元確認保証レベル（IAL）の見直しです。従来の第3版では、IAL1として本人確認書類に基づかない、自己申告の身元確認が位置付けられていました。一方、NIST-4のドラフトでは、自己申告はIAL0とされています。また、第3版では対面を除く本人確認書類に基づく身元確認はIAL2でしたが、NIST-4では生体情報を検証するかどうか等でIAL1とIAL2に分けて評価しています。NIST-4は引き続き、他国においても本人確認基準の参考にされると考えられ、改訂の動向が注目されています。

　NIST以外にも、世界の本人確認基準で特徴的なものに、ニュージーランドの「Identification Management Standards（ニュージーランド基準）」があります。ニュージーランド基準は、NISTガイドラインの考え方を基にした上で、身元確認を「身元確認情報の正確さ（Information Assurance）」と「身元確認情報が本人のものであることの正確さ（Binding Assurance）」の2つに細分化して評価しています。特に、後者の「身元確認時の当人性」という考え方を明確にした点は、身元確認の保証レベルをより厳密に評価しうる点で、注目されています。

Part

3

利用できる書類の種類と特徴

本人確認書類
を正しく知る

本人確認書類にはどんな種類が
あるのか

● 本人確認に利用できる書類と求められる対応範囲

　自己申告のみでも本人確認は行えるという考え方自体は、NIST
ガイドラインをはじめ国際的にも同様ですが、一定の強度で身元確
認を行うためには、信頼に足る本人確認書類が不可欠です。

　本人確認書類の特徴を分類する際、大きく、**①顔写真の添付の有
無**、**② IC チップの搭載の有無**、で考えることができます（右図参照）。
一般に、顔写真のある書類は証明力が高くなる傾向があります。**また、
IC チップが搭載されている書類は身元確認情報を電子データとし
て取得することができ、デジタル本人確認に利用できます。**

　本人確認に使われる書類には様々なものがあります。近年急速に
普及が進むマイナンバーカードもその一つですが、マイナンバーカー
ドを含め、日本国内で生活する上で取得が義務化された本人確認書
類はありません。そのため、本人確認が求められた際には、個々の
利用者が所持する書類をその時々の要件を満たせるように組み合わ
せて提出しているのが現状です。

　誰しもオンラインやデジタル本人確認を行えるものではないこと
や、法令に基づく本人確認も複数の本人確認書類からの選択可能と
していることから、利用者視点に立つと各事業者が複数の本人確認
書類に対応できる体制を整備することが望ましい、との指摘がある
一方、多様な本人確認書類に対応するには本人確認にかかるコスト
が上昇していきます。各事業者は、利用者の属性、サービスの提供
形態、対策が必要な不正や偽造等の特徴を踏まえ、適切な本人確認
書類を選択することが重要です。

● 本人確認書類は顔写真の有無で大別できる

犯収法施行規則に定める自然人の本人確認書類

書類タイプ	対応する書類
顔写真あり 	運転免許証、運転経歴証明書、在留カード、特別永住者証明書、マイナンバーカード、旅券（パスポート）、乗員手帳、船舶観光上陸許可書（パスポートの写しが添付）、身体障害者手帳、精神障害者保健福祉手帳、療育手帳、戦傷病者手帳 等 （本人の氏名、住居および生年月日の記載があるもの）
	上記のほか、官公庁から発行され、又は発給された書類その他これに類するもの （本人の氏名、住居および生年月日の記載、顔写真のあるもの）
顔写真なし 	被保険者証（国民健康保険、健康保険、船員保険、後期高齢者医療、介護保険）、健康保険日雇特例被保険者手帳、組合員証（国家公務員共済組合、地方公務員共済組合）、私立学校教職員共済制度の加入者証、児童扶養手当証書、特別児童扶養手当証書、母子健康手帳 等 （本人の氏名、住居および生年月日の記載があるもの）
	印鑑登録証明書、戸籍附票の写し、住民票の写しまたは住民票の記載事項証明書

まとめ	☐ 顔写真のある本人確認書類が証明力が高くなる傾向がある ☐ IC チップが搭載されていれば、デジタル本人確認に利用できる

急速に普及が進む
身分証としてのマイナンバーカード

● デジタル社会に即した本人確認書類

マイナンバーカードは、「行政手続における特定の個人を識別するための番号の利用等に関する法律」（以下、マイナンバー法）に基づくカードで、市区町村が住民の申請を受けて交付しています。個人番号カードとも呼ばれるものです。

表面に氏名、住所、生年月日、性別、証明写真、有効期間が記載され、本人確認の場面で利用されています。また、**裏面にマイナンバー（個人番号）が記載**されており、給与支払報告書の提出、児童手当の申請など対象となる手続きにおいてマイナンバーの確認に利用します。

これ以外にも、マイナンバーカードには上記の情報が格納された**ICチップが搭載され、電子証明書やAP（アプリ）機能を活用し、ICチップ内の情報読み取りや送信を電子的かつ安全に行える**、デジタル社会に即した本人確認書類となっています。

マイナンバーカードは、出生後から取得可能かつ一定の年齢で返納を促されることもないため幅広い世代が利用できるものの、取得が任意であったこともあり、2016年の発行後、交付枚数が伸び悩んでいました。しかし、マイナポイント施策など政府の推進により、近年急速に普及が拡大し、2023年5月時点の交付枚数は8,800万枚を超え、運転免許証の交付枚数を上回っています。

2023年5月には、電子証明書の機能をスマートフォンに搭載する取り組みが始まっています。マイナンバーカードへの信頼を醸成しながら、利便性も実感してもらえる環境を整備することが望まれています。

● マイナンバーカードのICチップ内のアプリケーション構成

QRコードからも
マイナンバーの
読み取りが可能

ICチップ部

※ 券面APおよび券面事項入力
補助APのアクセスコントロール
は、どの情報を取得するか（特
にマイナンバーを取得するか否
か）によって異なる

扱う情報の種類	アクセスコントロールの手法	
公的個人認証（JPKI）AP 2種類の電子証明書	署名用：6桁〜16桁の英数字、 利用者証明用：4桁の数字	**空き領域** 地方自治体や 国のアプリを 搭載する領域。 一部の民間事 業者も利用可 能
券面AP 券面記載事項（顔写真含む）の 画像データ	マイナンバー又は14桁の照合 番号※（券面記載情報）	
券面事項入力補助AP 氏名、住所、生年月日、性別 やマイナンバーのテキストデータ	マイナンバー、氏名、住所、 生年月日、性別は4桁の数字※ （記憶認証又は券面記載情報）	
住基AP 住民票コードのテキストデータ	4桁の数字	

出典：総務省Webサイト「マイナンバー制度とマイナンバーカード」より作成

● マイナンバーカードの交付枚数の推移

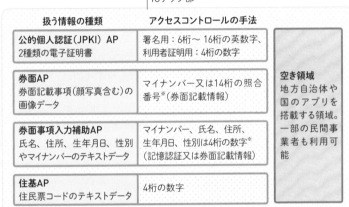

（単位＝万枚）

5月時点で
8,800万枚
超え

運転免許証
の交付枚数

| 9,000 | 8,000 | 7,000 | 6,000 | 5,000 | 4,000 | 3,000 | 2,000 | 1,000 |

2017年　2018年　2019年　2020年　2021年　2022年　2023年

出典：2022年までは12月、2023年は5月時点の総務省の情報をもとに作成

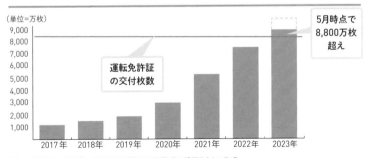

まとめ

☐ マイナンバーカードは、幅広い世代が使えるデジタル社会に即した
　本人確認書類
☐ マイナンバーカードの交付枚数は運転免許証を上回っている

マイナンバー（個人番号）と マイナンバーカード

● マイナンバーはいつ必要な番号なのか

　マイナンバーカードの裏面に記載されているマイナンバー（個人番号）は、どのような時に使われるものなのでしょうか。

　マイナンバーとは、住民票を持つ日本国内の全住民に付番される12桁の個人番号です。現在、社会保障、税、災害対策の分野のうち、**法律または条例で定められた事務手続きにおいてのみ利用**されています（下記参照、2023年の改正法については P.148 参照）。

- 社会保障：年金・雇用保険、児童手当の給付
- 税：確定申告、源泉徴収票作成、給与支払報告書作成
- 災害対策：救助、扶助金の支給、被災者台帳の作成等

　また、マイナンバーにより、行政機関の事務処理の円滑化や利用者の負担も軽減できます。例えば、デジタル庁「新型コロナワクチン接種証明書アプリ」はマイナンバーカードの IC チップから読み取ったマイナンバーを用いた情報連携により、市町村窓口での申請の手間なく、証明書を入手できます（右下図参照）。

　他方、マイナンバーによる名寄せリスク等を勘案し、マイナンバーについては、個人情報保護法よりも厳しい保護措置が法律により課せられています。そのため、法定された行政手続きに必要な場合を除き、他人のマイナンバーの提供を求めたり、マイナンバーを含む情報を収集・保管することは、本人の同意があっても禁止されているほか、マイナンバーの提供を受ける際、本人確認が義務付けられています。なお、**マイナンバーカードを本人確認のために利用する場合、裏面のマイナンバーの書き写し、コピーの取得はできません。**

● マイナンバーとマイナンバーカードの違い

	マイナンバー	マイナンバーカード
概要	国民に付番される12桁の番号（正式名称は「個人番号」）	マイナンバー、氏名、住所、生年月日等が記載された顔写真付き・ICチップ搭載のカード
取得	住民票を持つ日本国内の全住民に付番	住民の申請により無料で交付
用途	行政手続き（社会保障・税・災害対策分野）で、個人の特定を確実・迅速に行い、行政機関の事務処理の円滑化や利用者の手続き負担の軽減（添付書類の省略など）が可能	• 表面：顔写真付本人確認書類として利用可能 • 裏面：正しいマイナンバーの確認に利用可能 • ICチップを利用してオンライン上で安全・確実に本人であることの証明が可能（様々な利活用シーンの拡大が図られている）
その他	原則として生涯同じ番号を使い続ける。ただし、マイナンバーが漏えいして不正に用いられるおそれがあると認められる場合に限り、本人の申請または市区町村長の職権により変更可能	カードの有効期間は、 • 18歳以上の場合：発行から10回目の誕生日まで • 18歳未満の場合：発行から5回目の誕生日まで

Part **3**

本人確認書類を正しく知る

● マイナンバーの活用例（新型コロナワクチン接種証明書の交付）

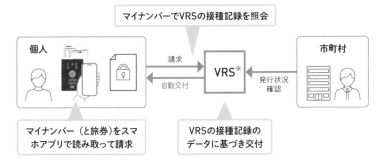

マイナンバーでVRSの接種記録を照会

個人　　　　　請求　→　VRS※　←　発行状況確認　市町村
　　　　　←　自動交付

マイナンバー（と旅券）をスマホアプリで読み取って請求

VRSの接種記録のデータに基づき交付

※ワクチン接種記録システム（VRS: Vaccination Record System）
出典：デジタル庁公表資料をもとに作成

まとめ	☐ マイナンバーは、日本国内の全住民に付番される12桁の個人番号 ☐ 個人情報保護法よりも厳しい保護措置が上乗せされている

マイナンバーカードの
券面事項入力補助APの活用

● マイナンバーの提供もオンラインで完結

　オンラインサービスを利用していると、マイナンバーの提供が必要とされることもありますが、マイナンバー提供は、オンラインで完結することはできるのでしょうか。

　例えば、ふるさと納税の「ワンストップ特例制度」では、寄付先の地方自治体にマイナンバーを提供することで、確定申告手続きを簡素化できます（右上図参照）。ふるさと納税の利用者の多くは、地方自治体の「返礼品」を選ぶポータルサイトを通じて手続きを行っていますが、郵送によるマイナンバーの提供に際しては、利用者はマイナンバーが記載された本人確認書類の写しを用意し、郵送手続きを行うという手間が発生します。また、対応する地方自治体においても、紙で受け取ったマイナンバーを限られた期間でシステムに入力する等の負担が生じています。

　こうした場面で便利なのはマイナンバーカードの「券面事項入力補助 AP」の利用です（右下図、P.55上図参照）。スマートフォンなどを利用し、4桁の暗証番号を入力した上で **IC チップからマイナンバーを読み取り、送信することができます**。ただし、114 ページで述べるとおり、マイナンバーを取得する際には、マイナンバーの確認とあわせて本人確認にも対応する必要があります。マイナンバーカードであれば、署名用電子証明書機能などの活用によりオンラインの本人確認にも同時に対応できます。オンラインサービスでマイナンバーの提供が求められるシーンでは、マイナンバーカードの機能が発揮されると言えます。

● ふるさと納税のワンストップ特例制度を利用した場合の流れ

利用者には郵送でのマイナンバー、本人確認書類の送付の負担、自治体では紙のマイナンバーを限られた期間で処理する負担が生じる。

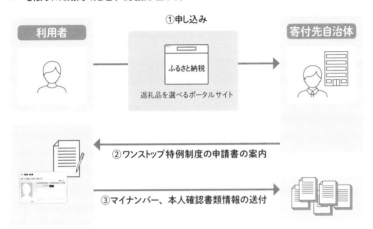

● 券面事項入力補助APの特徴

マイナンバーの読み取り

PASSWORD

****

特徴
4桁の暗証番号の入力によりマイナンバーの読み取りが可能（ICチップからマイナンバーを読み取ることができる本人確認書類はマイナンバーカードのみ）
デジタル庁のワクチン接種証明書アプリやふるさと納税のポータルサイト等官民のサービスですでに活用されている
券面に記載された氏名、住所、生年月日、性別の「基本4情報」とその電子署名データを同時に読み取ることができる（ただし、券面の顔写真は読み取ることができない）

注：券面事項入力補助APのほかにマイナンバーを読み取るAPとして「券面AP」もあるが、読み取るために12桁のマイナンバーを入力する必要がある

まとめ	□ マイナンバーの提供についても、オンラインで完結できる □ 券面事項入力補助 AP を利用すると4桁の暗証番号で提供が可能

マイナンバーカードによる
デジタル本人確認

◉ マイナンバーカードの本人確認手法と不正対策

　マイナンバーカードは、対面だけでなく、オンラインの本人確認にも対応します。**マイナンバーカードを活用したオンラインでの本人確認の手法には、主に以下の3つがあります。**

　①電子証明書による公的個人認証を利用する手法（P.84 参照）

　②IC チップに搭載された券面情報を読み取り、送信する方法

　③マイナンバーカードの券面を撮影して、送信する方法

　①は、マイナンバーカードのみで利用できる手法であり、政府が公表する行政手続向けのガイドライン（P.42 参照）、民間事業者向けのガイドライン（P.24 参照）いずれにおいても**最も強固な手法**と位置付けられています。安全性が高いだけでなく、住民基本台帳に基づく最新情報であることの確認を行うことができるのも特徴の一つです。

　②、③は、本人の容貌画像を併せて送信するなどの不正対策を施すことで、①と並び犯収法等の法令に定める手法として位置付けられています。

　マイナンバーカードの IC チップ内の情報は、アクセス制御されており、暗証番号を一定回数間違えるとロックされる仕組みとされているほか、**不正に情報を読み出そうとする場合、IC チップが自動で壊れるように設定されている**など、**高いセキュリティ対策**が講じられています。なお、IC チップには、税や年金などのプライバシー性の高い情報は入っていません。

● マイナンバーカードの2つの電子証明書

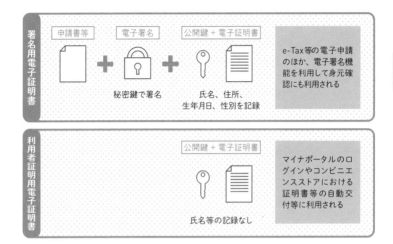

● 公的個人認証サービスの概要

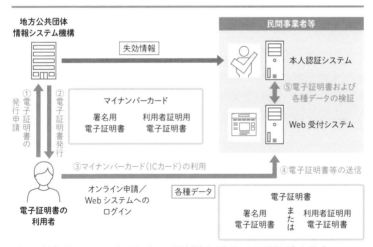

出典：総務省「公的個人認証サービス利用のための民間事業者向けガイドライン1.1版(2015)」より作成

まとめ	☐ マイナンバーカードは公的個人認証を利用する本人確認に唯一対応 ☐ マイナンバーカードには税や年金などの情報は入っておらず、高いセキュリティ対策も講じられている

マイナンバーカード以外の
顔写真付き本人確認書類の概要

● マイナンバーカードへの一体化に向けた検討も

　マイナンバーカードの普及が進んでいますが、身分証として利用されている本人確認書類はほかにも複数あります。その代表格は、運転免許証です。道路交通法に基づき、都道府県公安委員会によって発行される運転許可を証明する公文書ですが、犯収法（P.34 参照）等の法令において本人確認書類の一つと位置付けられています。

　顔写真と氏名・住所・生年月日が記載されている本人確認書類の中で最も広く普及していたことから、長らく身分証として広く利用され続けています。2007 年からは IC チップも搭載されており、券面の情報を読み取って送信することが可能です（右図参照）。

　在留外国人の在留資格等を証明する在留カードやパスポート（旅券）も身分証として利用されている IC チップ付きの本人確認書類です。ただし、**令和 2 年 2 月 4 日以降の申請により交付されたパスポートには所持人記入欄（住居記載欄）がなくなり**、本人確認を行うためには、住居の記載のある別の本人確認書類や補完書類が必要なケースがあります。

　一方、本来は身分証ではないものの、身分証として広く利用されているものに健康保険証（被保険者証）があります。顔写真がなく、住所も自分で記入するのが一般的であるため、**健康保険証のみでは本人確認が完了できないサービスが増えています。**

　なお、**健康保険証は**、2023 年 6 月に成立した改正法により、**2024 年秋までに廃止**となるほか、**運転免許証、在留カードは、マイナンバーカードとの一体化**に向けた検討が進められています。

● 主な顔写真付き本人確認書類の特徴

	マイナンバーカード	運転免許証	在留カード	パスポート
取得の対象	住民基本台帳に記録されている者	自動車等の運転資格	中長期在留する外国人	日本国籍を有する者
発行数	約8,826万枚[※1]	約8,184万枚[※2]	約279万枚[※2]	約2,175万枚[※2]
電子証明書	① 署名用電子証明書 ② 利用者証明用電子証明書	──	──	──
顔写真以外の主な券面情報	氏名、住所、生年月日、性別、個人番号 等	氏名、住所、生年月日、免許証番号、免許の条件 等	氏名、住所、生年月日、性別、カード番号、在留資格、国籍、在留期間・満了日、許可の種類 等	氏名、生年月日、性別、旅券番号、国籍 等
ICチップの主な情報	氏名、住所、生年月日、性別、個人番号、電子証明書、顔写真 等	氏名、住所、生年月日、本籍、交付年月日、有効日末日、免許の種類、番号、顔写真 等	券面画像、顔画像 等	旅券番号、国籍、氏名、生年月日、顔写真 等

出典：「民間事業者向けデジタル本人確認ガイドライン」をもとに作成
※1は2023年5月7日、※2は2022年末時点の各省庁発表

● マイナンバーカードとの一体化

	2022年度	2023年度	2024年度	2025年度
健康保険証	2024年の秋までに廃止する法律が成立			廃止予定
運転免許証	2024年度末までの一体化の前倒しを検討			存続予定
在留カード	一体化カードの交付を目指す			存続は不明

まとめ

☐ マイナンバーカード以外にも、運転免許証や在留カード、パスポートなどが顔写真付き本人確認書類として用いられている

☐ 健康保険証、運転免許証、在留カードは、政府においてマイナンバーカードとの一体化に向けた検討が進められている

外国人の本人確認にも利用可能な証明書

● 国籍に着目した場合の本人確認書類

　グローバル化や少子高齢化に伴う労働力不足等を背景に、日本在留の外国人数は年々増加傾向にあります。また、新型コロナ対策に係る水際対策の緩和や円安の進展等も相まって、訪日外国人観光客数も回復の兆しを見せています。

　こうした中、各事業者においては日本在留の外国人や訪日外国人観光客に対するサービス提供の機会の増加に伴い、本人確認の必要が生じるケースも増えてきています。

　留学生や永住権保持者など長期にわたり日本に在留する外国人は、基本的に日本人と同様の本人確認書類が利用可能です。これらに加え、**国籍に着目した本人確認書類として、在留カードや特別永住者証明書も広く活用**され、犯収法など法令に定める本人確認において利用できる本人確認書類にも位置付けられています。

　日本に在留していない訪日外国人観光客などの本人確認書類としては、パスポートの利用が一般的です。通常、パスポートを本人確認書類として単独で利用する場合には、所持人記入欄への住居の記載が求められますが（記載欄のない場合は追加の本人確認書類が必要）、例えば、犯収法では、**短期滞在者による外貨両替や現金決済での取引については、一般に1回限りの取引が想定されるなどリスクが限定的**であることから、住居の確認まで要しない配慮がなされています。

　また、再入国許可証や渡航証明書も、パスポートに代替する証明書として法令上、位置付けられています。

● 外国人向けの本人確認書類

注：ここでは、犯収法を例にしている

日本に在留する外国人

日本国籍を有する個人と同じ本人確認書類

マイナンバーカード

運転免許証

パスポート

住民票の写し

外国籍であることに着目した本人確認書類

在留カード

特別永住者証明書

日本に在留していない外国人

パスポート
（日本政府の承認した
外国政府発行）

国際機関発行の旅券
（国連通行証 等）

旅券に代わる証明書
（渡航証明書、再入
国許可証 等）

※ 上記は氏名・住所・生年月日が確認できる必要

短期滞在者（訪日観光客など）

外貨両替、宝石・貴金属売買（現
金決済）等

氏名・生年月日・国籍・番号の
記載のある旅券
• 旅券（パスポート）の住居の記
　載は不要
• 他の確認書類による住居の確
　認も不要

特例

まとめ

☐ 在留資格を有する方は、在留カードなども本人確認書類として利用
　できる

☐ 在留資格のない方の本人確認書類には、パスポートが利用できる

進展が期待される本人確認書類のデジタル化

◉ スマートフォンにデジタルな本人確認書類を搭載

政府による DX 推進やコロナ禍での生活様式の変化も追い風となり、私たちの日常生活における手続きのデジタル化が進んでいます。手続きのデジタル化は、その入り口で必須となる本人確認のデジタル化の要請の高まりをも意味します。

第 1 章でも触れたとおり、非対面の本人確認には、本人確認書類の券面画像の撮影・送信や、本人確認書類に組み込まれた IC チップ情報を読み取り・送信する手法が存在しますが、本人確認書類そのもののデジタル化により本人確認の選択肢を広げることも可能です。

2023 年 5 月 11 日より、マイナンバーカードの電子証明書機能のスマートフォン搭載（Android のみ対応）が開始されました。その主要なユースケースの 1 つが本人確認です。スマートフォン内の電子証明書を利用し、本人確認書類の撮影や IC チップ情報を読み取る手間なく本人確認が可能になります。

また、本人確認書類を元に一度実施した本人確認結果情報を、いわばデジタルな本人確認書類としてスマートフォンに搭載し、これを利用者の同意のもとで情報連携することも技術的に可能となっています。利用者にとっては、物理カードを常に携帯し、手続きの都度提示しなければならないという煩わしさも解消できます。また、氏名・住所・生年月日などの本人確認情報のみならず、資格情報などまで含められることで、デジタルな本人確認書類としてより幅広い利用シーンも見込まれます。民間事業者には、すでにデジタル身分証を実装可能としている例もあります（P.90 参照）。

● 日常生活の様々な手続きでデジタル化が進展

日々利用する様々な分野の手続きのデジタル化

行政
・押印規制の撤廃
・電子申請(税務申告) 等

ビジネス
・契約手続き
・株主総会 等

日常決済
・オンライン決済
・シェアエコサービス 等

医療健康
・オンライン診療
・ワクチン接種証明 等

教育資格
・オンライン授業
・オンライン検定 等

本人確認書類そのもののデジタル化

デジタル技術の活用が対面・オンライン双方の利便性を向上

身分証のデジタル化により想定される様々なユースケース

大規模イベント等の入場時の安全・スムーズな本人確認	CtoCサービスの個人間でのトラブルレスな本人確認	各種資格保有のスムーズな確認

無人店舗における年齢確認	施設の予約から入場にいたる窓口レスな本人確認

- 利用者の同意による情報コントロール
- 身元確認結果の連携
- 様々な資格情報のIDとしての活用

まとめ	☐ 日常利用する様々なサービス・手続きのデジタル化が進んでいる ☐ 身分証そのものをデジタル化することで、対面・非対面の両面で利便性向上が見込まれる

シンガポールのデジタル身分証 Singpass

　シンガポールでは、政府が推し進めるデジタル国家戦略（Smart Nation構想）の一環として、Singpassと呼ばれる公的な認証システムが導入されています。日本のマイナンバーに相当するNRIC番号（国民ID番号）やFIN番号（外国人居住者向けID番号）を登録し、Singpassのアカウントを作成することで、国民は、納税やビザ申請など各種行政サービスにオンラインでアクセスすることが可能となっています。

　Singpassはモバイルアプリでも提供されており、NRIC（日本でいうマイナンバーカードに相当する公的身分証カード）の代替となるデジタル身分証としての機能も発揮します。パスコードや生体認証によりアプリ上に表示させたバーコードを読み取ることで病院や図書館等での身元の証明が可能となっており、2022年11月からは、同国すべての政府機関での受け入れが開始されています。

　さらに、Singpassアプリには、個人の各種プロファイル情報の格納に加え、電子署名機能も搭載されています。デジタルIDを用いた身元の証明、各種契約書類等の手作業不要でのフォーム入力、署名など、一連の手続きをデジタルで一気通貫に行える利便性から、行政サービスのみならず、多くの民間サービスにも利用が広がっています。さらに、運転免許証やワクチン接種証明などの各種証明書情報も連携・表示可能となり、単に物理的な身分証のデジタル化にとどまらないデジタルな資格証としての機能も兼ね備えるまでになっています。

Part

4

サービスに適した選択を

安全性を確保する
デジタル本人確認
の技術と手法

巧妙化する本人確認書類の偽造や なりすまし

● 本人確認事業者が直面している主な偽造事例と対策

　近年、本人確認書類の偽造が巧妙化しています。本人確認サービスを提供する事業者が直面しうる偽造の代表例を紹介します。

　1つ目は、本人確認書類の画像を加工するものです。画像編集ソフトを利用するだけで簡単に偽造を行うことができてしまいます。これに対しては、スマートフォンアプリを用いて本人確認書類をその場で撮影してもらうことで、一定の対策が可能です。

　2つ目は、本人確認書類そのものを偽造し、本人確認に用いるというものです。しばしばニュースで取り上げられるように、組織的に精巧な偽造が行われる事例もあります。こうした一見精巧な偽造であったとしても、券面情報の不整合や印字内容などから見分けることができる場合もあります。また、本人確認書類の IC チップ情報を用いた本人確認であれば、こうした偽造への対策も可能です。

　3つ目は、偽造とは異なりますが、他人の本人確認書類を用いるものです。この場合は本人確認書類は正しいものであるため、本人確認書類の審査から不正を見抜くことは難しくなります。これに対しては、本人確認時に顔写真の撮影（セルフィー）を求め、本人確認書類画像とセルフィー画像を比較することなどにより、なりすましを防ぐ対策が可能です。

　本人確認書類の偽造は、近年極めて巧妙かつ件数も増加しています。さらに、人工知能を使ったディープフェイク技術など、新たな懸念も生まれています。本人確認サービスを提供する事業者は、日夜技術開発を重ね、様々な不正へ対応できるよう対策しています。

● 本人確認書類の偽造やなりすましの事例

事例1：本人確認書類の画像を加工するパターン

画像を加工し、顔写真や氏名等の情報を書き換える

事例2：本人確認書類を偽造するパターン

本人確認書類そのものを巧妙に偽造する

事例3：他人の本人確認書類を使うパターン

他人の本人確認書類を入手し、不正に利用する

まとめ	□ 本人確認書類の偽造が巧妙化している □ 他人の本人確認書類を用いてなりすます不正も存在する

偽造や情報漏えいを未然に防ぐ
デジタル本人確認

◉ 技術の力で安全・安心な本人確認を実現

　本人確認は、「身元確認」と「当人認証」から成りますが（P.20
参照）、いずれも「その人がその人であること」を確認するための手
続きには変わりありません。手続きには、その人の本人確認書類や
その人しか知り得ない情報（パスワード等）、その人であることを示
す情報（生体情報）などの受け渡しが発生するため、情報の漏えい
や偽造等によるなりすましに対する懸念が生じます。

　**こうした懸念に対し、デジタル本人確認は、いくつかの解決策を
提供します。**具体的には後述しますが、例えば、公開鍵暗号方式を
使えば「その人しか知り得ない情報」のやりとりが不要で、厳格な
本人確認が可能となります（P.76参照）。

　また、本人確認書類の偽造対策としては、改ざん耐性のあるICチッ
プに記録されている情報を取得する方式であれば、改ざんの心配は
なくなりますし、さらに本人確認書類の券面を撮影する方式でも、
その裏では目視確認のほか、AIを活用した偽造対策を行っている場
合もあり、安全性は高いと言えます。

　漏えいや本人確認書類の偽造は100%防ぐことはできません。し
かし、本人確認サービスを提供している事業者は、個人情報の漏え
いを防ぐための安全管理措置等の対策を十分に講じつつ、日夜、技
術開発を行うことで、漏えいや偽造が起こりにくい、安全・安心な
本人確認手法を生み出しています。

　次節からは、本人確認の背景にある技術や、具体的な本人確認手
法、本人確認手法を選択する上で重要な視点について解説します。

● 本人確認では何を確認しているか

本人確認では、その人がその人であることを確認する。

身元確認	当人認証
	PASSWORD ******
本人確認書類などに基づき、申請者の実在性や申請情報が正しいことなどを確認	「その人しか知らない情報」「その人であることを示す情報」「その人しか所持していない情報」を確認することで、手続き者の当人性を確認

● デジタル本人確認における漏えいや偽造対策

暗号化技術によりパスワードや生体情報そのものを送受信しない	偽造耐性のあるICチップ情報を読み取る	オペレーターによる目視確認
PASSWORD ******		
▼	▼	▼
情報が漏えいしない	偽造の発生確率を限りなく低減	偽造が行われた場合に見抜く

まとめ	□ 本人確認は「その人がその人であること」を確認する手続き □ デジタル本人確認は、情報漏えいや偽造を防ぐ仕組みを提供

なぜ、事業者やサービスによって本人確認手法が異なるのか

● 本人確認手法の特徴を表すフレームワーク

本人確認には様々な本人確認手法があります。複数の手法が存在するのは、**様々な本人確認書類が存在し、その情報を送信する手段が異なる**ためです。こうした違いを受け、本人確認手法によって①**本人確認の強固さ（保証レベル）、②利用者の操作性（ユーザビリティ）、③導入にあたってのコストやスケジュール（コスト等）が異なります。**

例えば、本人確認書類の画像をアップロードする方式は、利用者の操作は簡単で、導入コストも比較的安価ですが、本人確認書類の画像を加工されてしまうリスクが残ります。それに比べて、本人確認書類のIC チップに記録されている情報を読み取る方式では、IC チップを読み取るスマートフォンやカードリーダーが必要であったり、IC チップの読み取り時に暗証番号を覚えている必要があるなど、利用者によっては本人確認を完了できない場合もあります。また、IC チップを読み取るアプリケーションの開発や運用など、事業者のコストも比較的高いものとなります。一方で、IC チップの偽造等は困難であり、偽造リスクを低くできます。

加えて、本人確認手法には、法令等で具体的に定められているものと、そうではないものがあります。後者は、自由な本人確認が可能であり、様々な手法が考えられます。また、前者も実装の仕方によって様々なバリエーションが存在します。これは、本人確認サービスを提供している事業者の創意工夫によるものであり、**少しでも利用者や事業者の負担を軽減できるよう、デジタル本人確認は進歩し続けている**と言えます。

● 本人確認手法の特徴

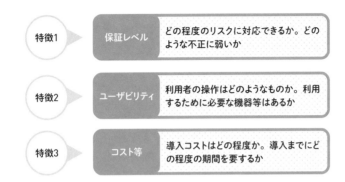

特徴1	保証レベル	どの程度のリスクに対応できるか。どのような不正に弱いか
特徴2	ユーザビリティ	利用者の操作はどのようなものか。利用するために必要な機器等はあるか
特徴3	コスト等	導入コストはどの程度か。導入までにどの程度の期間を要するか

● 犯収法施行規則6条1項1号ホの根拠条文と実装例

特定事業者が提供するソフトウェアを使用して、本人確認用画像情報(当該顧客等又はその代表者等に当該ソフトウェアを使用して撮影をさせた当該顧客等の容貌及び写真付き本人確認書類の画像情報であって、当該写真付き本人確認書類に係る画像情報が、当該写真付き本人確認書類に記載されている氏名、住所及び生年月日、当該写真付き本人確認書類に貼り付けられた写真並びに当該写真付き本人確認書類の厚みその他の特徴を確認することができるものをいう。)の送信を受ける方法

出典:犯罪収益移転防止法施行規則6条1項1号ホの手法の条文

条文のポイント	実装例
「ソフトウェアを使用して撮影をさせた」	● スマートフォンアプリを利用
「当該顧客等の容貌及び写真付き本人確認書類の画像情報」	● 自分の顔写真(セルフィー)の撮影 ● 本人確認書類の表面・裏面の撮影 ● ランダム要素でその場での撮影を担保をすべて行う
「厚みその他の特徴を確認することができるもの」	● 本人確認書類の厚みを撮影

| まとめ | ☐ 本人確認手法は、①保証レベル、②ユーザビリティ、③コスト等の特徴が異なる
☐ 本人確認サービス提供事業者は、少しでも利用者や事業者の負担を軽減できるよう創意工夫しながら実装している |

公開鍵暗号方式はデジタル本人確認を支える

● 公開鍵暗号の概要とメリット

　デジタル本人確認を支える技術には様々なものがありますが、その中でも「公開鍵暗号」は重要な技術の一つです。

　公開鍵暗号とはその名のとおり暗号技術であり、「秘密鍵」とそれに対応した「公開鍵」を使って情報の暗号化や復号（暗号化されたデータから元のデータに戻すこと）を行います。**秘密鍵は本人だけが利用することができ、他の誰にも渡してはいけません**。一方、公開鍵は誰でも取得・利用することができます。この秘密鍵と公開鍵は1対1で対応したものであり、公開鍵で暗号化された情報は対応した秘密鍵だけが復号でき、同様に秘密鍵で暗号化された情報は対応した公開鍵だけが復号できます。

　公開鍵暗号の例は右図のとおりです。① A さんは秘密鍵と対応した公開鍵を作成し、公開鍵を B さんに渡します。② B さんは A さんからもらった公開鍵を使って情報を暗号化します。③ A さんは暗号化された情報を受け取り、秘密鍵を使って復号します。

　公開鍵は誰でも使うことができますが、公開鍵を使って暗号化された情報を復号できるのは秘密鍵を持つ A さんだけです。そのため、**公開鍵暗号方式では、A さん自身の秘密鍵を厳重に取り扱えばよく、仮に公開鍵が悪意のある第三者の手に渡ったとしても、暗号化された情報を復号することはできません**。

　公開鍵暗号は、安全性の高さと鍵の管理の容易さから、本人確認の様々な場面で使われています。次節にその代表事例を紹介します。

● 公開鍵暗号の仕組み

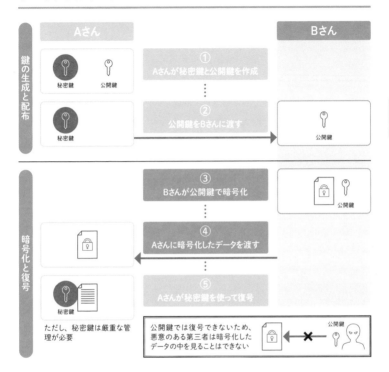

● 公開鍵暗号の3つのメリット

安全性	公開鍵暗号で用いられる RSA 暗号や楕円曲線暗号は解読するために多くの計算が必要となり、ペアとなる鍵を持っていなければ解読は困難
鍵管理の容易さ	秘密鍵に対応する公開鍵を複数作成することができるため、不特定多数の人と通信する場合であっても、秘密鍵は1つ管理すればよい
鍵の受け渡しの容易さ	公開鍵は誰に知られてもよい鍵であり、鍵の受け渡し時（上図②）の盗難等のリスクが低い

まとめ	☐ 公開鍵暗号方式は本人確認を支える重要な技術
	☐ 公開鍵暗号により、安全で簡単な本人確認が可能

電子契約で利用される
デジタル署名と電子証明書

● 公開鍵暗号を利用して情報の信頼性を確保する技術

近年、リモートワークやペーパーレス化が進み、紙の契約書ではなく、電子契約を取り交わすケースも一般的になってきました。こうした**電子契約では、公開鍵暗号を利用したデジタル署名が広く使われています**。デジタル署名では、そのデータが、①改ざんされていないこと（非改ざん性）、②本人のものであること（本人性）を確認することができるため、デジタル署名を用いることで電子契約が真正に成立したことを推定できます。

公開鍵暗号を利用したデジタル署名の流れは次のとおりです。

1. Aさんは自分の「秘密鍵（「署名鍵」ともいう）」を使って電子契約書に署名する。
2. Aさんは契約相手のBさんに対して、①電子契約書のデータ、②1で作成した署名データ、③Aさんの「公開鍵（「検証鍵」ともいう）」を含む電子証明書（公開鍵がAさんのものであることを証明したもの）の3点を送付する。
3. Bさんは電子証明書が有効であることを確認した後、受け取った公開鍵で署名を検証し、①の電子契約書のデータと比較して改ざんされていないことを確認する。

公開鍵に対応した秘密鍵はAさんだけが使うことができることと、公開鍵の発行者は電子証明書に記載された人（＝Aさん）であることが証明されるため、非改ざん性と本人性を確認できます。紙の契約書と対比すると、デジタル署名は印影、電子証明書は印鑑証明書に例えることができます。

● 電子契約の流れ

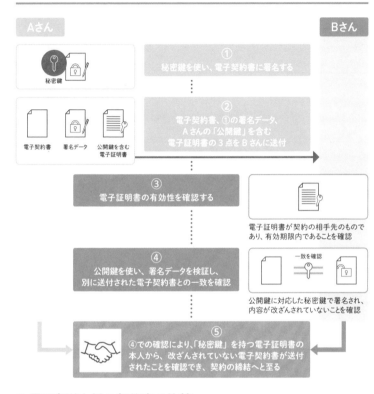

Aさん

秘密鍵

電子契約書　署名データ　公開鍵を含む電子証明書

Bさん

① 秘密鍵を使い、電子契約書に署名する

② 電子契約書、①の署名データ、Aさんの「公開鍵」を含む電子証明書の3点をBさんに送付

③ 電子証明書の有効性を確認する

電子証明書が契約の相手先のものであり、有効期限内であることを確認

④ 公開鍵を使い、署名データを検証し、別に送付された電子契約書との一致を確認

一致を確認

公開鍵に対応した秘密鍵で署名され、内容が改ざんされていないことを確認

⑤ ④での確認により、「秘密鍵」を持つ電子証明書の本人から、改ざんされていない電子契約書が送付されたことを確認でき、契約の締結へと至る

● 電子契約と紙の契約書の比較

	電子契約	紙の契約書
非改ざん性	公開鍵での署名検証により、公開鍵に対応した秘密鍵で署名されたことを確認	製本と割印により差し替えられたものではないことを確認
本人性	電子証明書の内容および公開鍵での署名検証により、電子証明書に記載された人物の契約書であることを確認	契約書の締結に係る一連の連絡過程で確認

まとめ	☐ 電子契約では公開鍵暗号によるデジタル署名が広く利用 ☐ デジタル署名では、データの非改ざん性と本人性を確認できる

身元確認手法を選択する際の考え方

● 身元確認手法の特徴を比較考慮して選択する

近年拡大を見せている eKYC には、スマートフォンアプリを活用して本人確認書類の券面を撮影したり、IC チップを読み取るなど様々な手法があります。これらの中から実際に導入する手法を選択する際には、74 ページで説明したような各手法の特徴を比較検討して決定することになります。

身元確認手法を選択する際の一例として、次のような流れが考えられます。

まず、対象のサービスが法令等で身元確認の導入が義務付けられているかどうかを確認します。金融機関のように法令等で具体的な手法が定められている場合は、その手法を導入します（ただし、複数手法から選択できる場合は、以降の視点も参考にしましょう）。

一方、多くのサービスや手続きでは、身元確認が義務付けられていないため、その場合は 74 ページで説明した①保証レベル、②ユーザビリティ、③コスト等の 3 点を中心に比較・検討し、導入するサービスや手続きに適した手法を選択することが効果的です。

例えば、保証レベルを重視するのであれば、マイナンバーカードの電子証明書を利用した手法（P.84 参照）が推奨されます。一方、複数の本人確認書類を利用できることを重視するのであれば本人確認書類の画像を用いる手法が望ましいと考えられます（P.82、P.86 参照）。

このように、**各手法の特徴を踏まえて手法を検討・選択することが重要**です（右図参照）。

● 主な身元確認手法の特徴

		本人確認書類の画像+顔写真の画像の送信(P.82参照)	マイナンバーカードの電子証明書を利用(P.84参照)	本人確認書類の画像をアップロード(P.86参照)
		顔写真付き本人確認書類の券面(表・裏・厚み等)と顔写真のリアルタイム撮影	マイナンバーカードの署名用電子証明書による確認(券面画像の取得は不要)	本人確認書類の券面画像のアップロード
保証レベル		IAL2	IAL3	IAL2
ユーザビリティ	利用可能な本人確認書類	顔写真付き本人確認書類(運転免許証、マイナンバーカード、パスポート、在留カード等が主流)	マイナンバーカード	本人確認書類全般(健康保険証や場合によっては学生証等も含む)
	暗証番号	不要	必要	不要
	ユーザーの所要時間(目安)	約60秒(本人確認書類と顔写真の撮影時間)	約20秒(マイナンバーカードのICチップ読取り時間)	約30秒(本人確認書類画像を選択し、アップロードする時間)
コスト等	事業者の審査時間	数時間〜数日(法令に基づいた目視確認を行う場合)	数時間程度	数時間〜数日(目視確認を行う場合)
ユースケースの事例		銀行口座の開設、携帯電話の登録等、法令に定めのある身元確認	行政文書等の電子申請や電子申告等	Webサイト等での身元確認等、法令等に定めのない身元確認

まとめ	☐ 身元確認手法は①保証レベル、②ユーザビリティ、③コスト等を比較考慮し、最適な手法を選択することが重要

手法① 本人確認書類の券面＋顔写真を撮影する（ホ方式）

● 金融機関等でも採用されるeKYCでポピュラーな手法

オンライン完結型の身元確認手法のうち、金融機関等で最も導入が進んでいる手法が、**顔写真付き本人確認書類の券面の表面・裏面・厚みを撮影した後、撮影者の顔写真（セルフィー）を撮影する**手法です。この手法は、**犯収法施行規則6条1項1号のホに規定されている方式であり、本書では「ホ方式」と呼びます。**

ホ方式の主な利点は、①複数の本人確認書類から選択することができる、②利用者はスマートフォンアプリ等による撮影を行うだけで済むことです。

①については、近年はマイナンバーカードの普及が進んでいますが、それでも人によって所持している本人確認書類が異なります。ホ方式では複数種類の本人確認書類から選択できることにより、特定の本人確認書類を持っていないことによる機会損失を削減することができます。また、②については、多くの人がスマートフォンでのカメラ撮影の経験があるため、身元確認手続きを最後まで終えられる人が多い特徴があります。**ホ方式は多くの人が利用しやすい手法であり、法令等に基づく厳格な身元確認では最も一般的な手法**です。

一方、ホ方式の主な課題は、①撮影ステップが多いことや顔写真を撮影するため利用者に負荷がかかる、②送付画像確認時のリードタイムやオペレーションコストが発生する等、利用者・事業者のそれぞれに負荷が大きい点です。さらに、券面を写真で撮影するため、精巧に偽造された本人確認書類や、近年懸念が広がっているディープフェイクへの対応が難しいなどの課題も指摘されています。

● ホ方式の流れ

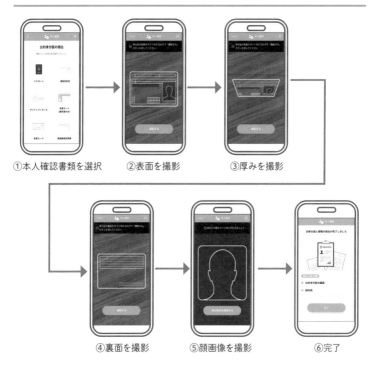

①本人確認書類を選択　②表面を撮影　③厚みを撮影

④裏面を撮影　⑤顔画像を撮影　⑥完了

● ホ方式の主なメリット・デメリット

メリット	・金融機関等でも導入が進んでいる強固な手法 ・複数の本人確認書類が利用可能 ・撮影だけで対応ができる

デメリット	・操作の工程が多い ・顔写真の撮影に抵抗のある利用者が存在 ・審査（目視など）時の事業者の負担が大きい

まとめ	☐ ホ方式は金融機関等でも広く導入が進んでいる手法 ☐ 撮影ステップやコストの課題はあるが、法令に基づく厳格な身元確認が可能

手法② マイナンバーカードの電子証明書を利用する（公的個人認証）

● 署名用電子証明書を利用した厳格かつ手軽な手法

　身元確認にマイナンバーカードを利用する際、最も強力に偽造等のリスクを防ぐことができる手法が、**電子証明書（P.78 参照）を用いた手法である「公的個人認証」**です。そして、マイナンバーカードに搭載されている**電子証明書のうち「署名用電子証明書」には、氏名、住所、生年月日等が記録されており、この情報を受け渡すことで、身元確認を行うことができます。**

　スマートフォンアプリを用いる場合、通常は、アプリの説明に従い、①署名用電子証明書の暗証番号（マイナンバーカードを市町村の窓口で受け取った際に設定した、半角 6 文字から 16 文字英数字が混在したもの）を入力し、②マイナンバーカードをスマートフォンにかざす、という流れで身元確認が完了します。

　この署名用電子証明書を利用した身元確認は、利用者にとっては、本人確認書類や顔写真の撮影が不要であり、少ない操作で済みます。また、事業者にとっては、電子証明書に記載された正確な情報を取得でき、さらに電子証明書の有効性を確認することで、最上位の保証レベルでの身元確認が可能となります。

　一方で、①マイナンバーカードを持っていない利用者は利用できない、②暗証番号やスマートフォンの NFC アンテナの位置を覚えていない利用者が一定数存在、③電子証明書の有効性を確認することができる事業者が限られている、などの課題も存在します。

　マイナンバーカードの普及が進んできたことを踏まえると、厳格な身元確認を行いたい際には有効な手法だと考えられます。

● 公的個人認証の流れ

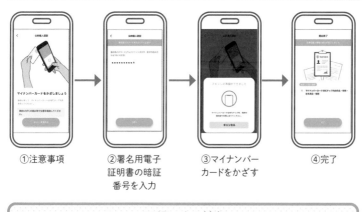

①注意事項　②署名用電子証明書の暗証番号を入力　③マイナンバーカードをかざす　④完了

取得できる情報

氏名	住所	生年月日	性別

注1：情報取得時に署名用電子証明書の失効確認を行うため、氏名や住所に変更が無いかも確認することができる
注2：取得情報にマイナンバーは含まない

● 公的個人認証の主なメリット・デメリット

メリット	・対面相当の最上位の保証レベルの身元確認が可能 ・住基台帳に基づく氏名、住所、生年月日等を取得でき、失効確認が可能 ・利用者の操作が少なく、簡単

デメリット	・マイナンバーカードを所持し、署名用電子証明用暗証番号を記憶している必要がある ・ICチップを読み取ることができるスマートフォンなどが必要 ・サービスを提供している事業者が限られる

まとめ	□ マイナンバーカードの署名用電子証明書を用いた身元確認手法 □ 最上位の保証レベルかつ利用者にとって手軽な身元確認が可能

手法③ 本人確認書類の画像を
アップロードする（アップロード方式）

> ● **広く利用されている手軽な手法だが使いどころに要注意**

　オンライン身元確認の中で広く利用されている手法が、本人確認書類の画像をアップロードする手法（以下、「アップロード方式」とする）です。

　アップロード方式のメリットは、利用者・事業者双方にとっての「手軽さ」です。カメラ付きスマートフォンが普及した今では、手元に運転免許証等の本人確認書類があれば、その書類をカメラで撮影するだけで身元確認が完了します。また、事業者にとっても開発コストを抑えることができます。

　一方で、アップロード方式には留意点がいくつか存在します。その中で一番重要なものは、偽造やなりすましが行われやすい点です。近年では、本人確認書類の偽造が精巧かつ安価に行えます。例えば、82ページで述べたホ方式では、こうした偽造を厚みなどの特徴を確認することで防いでいますが、アップロードでは、精巧な偽造を見抜くことは難しいと言えます。また、例えば他人の本人確認書類を使うなどのなりすましが行われた場合にも見抜くことが困難です。

　なお、アップロード方式の弱点を補う手法として、本人確認書類をその場で撮影する「リアルタイム撮影」、本人確認書類と自分をセットで撮影する「IDセルフィー」といった手法もあります。

　アップロード方式は、手軽に本人確認書類に基づく身元確認が可能な反面、本人確認の信頼度はやや劣ります。アップロード方式の導入を検討する際には、自社が抱えるサービスの特徴やリスクを十分に考慮した上で導入することが重要です。

● アップロード方式の流れ

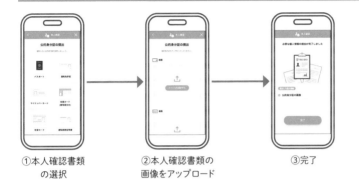

①本人確認書類
　の選択

②本人確認書類の
　画像をアップロード

③完了

● アップロード方式の主なメリット・デメリット

メリット	・複数の本人確認書類が利用可能 ・利用者にとって操作がわかりやすい ・事業者にとって導入コストが安価

デメリット	・本人確認書類の偽造を見抜くことが難しい ・なりすましを防ぐことができない

● アップロード方式の弱点を補う手法

リアル タイム撮影	・カメラアプリ等を用いてその場で本人確認書類の画像を求める手法。撮影画像を別に加工してからのアップロードができず、券面偽造対策に一定の効果が期待できる

ID セルフィー	・本人確認書類と顔を含めた写真（セルフィー）の撮影を求める手法。顔写真付き本人確認書類を使うことで、券面の写真と本人の容貌を比較することができ、なりすまし対策に一定の効果を期待できる

まとめ	□ 本人確認書類の画像をアップロードする一般的な身元確認手法 □ 偽造リスクが高いが、アップロードの弱点を補う手法も存在

技術の進歩により多様化する
身元確認手法

● バランスがよい「中間的な手法」

　技術の進歩により、身元確認手法の選択肢が拡大しています。身元確認手法は、リスクを防ごうとすればするほど、確認手順が煩雑になったりコストが上がります。そのため、単にリスクに対して強固な手法を選ぶのではなく、必要十分なリスクへの対応を行える手法の中から、ユーザビリティやコストを踏まえて選択することが推奨されます。特に、法令等に本人確認の定めのないサービスや手続きについては、抱えるリスクは様々ですが、必ずしも厳格な身元確認が必要ないものもあります。こうしたサービスや手続きに対し、過剰な身元確認を求めることは、ユーザーの離脱による機会損失と、過剰な手法導入・運用のコストという両面の負担を生じさせてしまいます。

　こうした課題を解決するために、AI や ID 連携等の技術進歩を受けた新たな手法が登場しています。具体的には、**アップロード方式（P.86 参照）よりは厳格な身元確認ができる一方で、ホ方式（P.82 参照）よりは手軽な中間的な身元確認手法です（以下、「中間的な手法」とする）**。中間的な手法には様々なバリエーションが考えられます。次節より、具体的な手法として「デジタル身分証」と「自動ホ方式」の 2 つを紹介します。

　この中間的な手法は、法令等で認められている身元確認手法ではありませんが、**法令等で本人確認の定めのないサービスや手続きにおいては利用可能ですので、身元確認の導入を検討される際の候補になる**と考えられます。

● 中間的な身元確認手法のイメージ

<table>
<tr>
<td>

**本人確認書類画像の
アップロード方式等
(P.86)**

手続きは簡易だが、
安全性は低い

</td>
<td>

中間的な手法

中間的な手法を用いることで、
サービスや手続きに応じた本人
確認手法の選択肢が拡大

</td>
<td>

**ホ方式(本人確認書類
の画像+顔写真の画像
の送信)等(P.82)**

安全性は高いが、
手続きや要件が厳格

</td>
</tr>
</table>

低 ━━━━━━━━━━━━━━━━━━━▶ 高
リスクに対する強度

● 中間的な手法を採用するメリット

	従来手法	中間的な手法		従来手法
	アップロード方式	デジタル身分証(P.90)	自動ホ方式(P.92)	ホ方式
保証レベル	券面偽造やなりすましリスクが高い	正確な氏名・住所・生年月日等の情報を活用	本人確認書類と顔画像の一致率でなりすましを判定	目視確認で券面偽造やなりすましを防ぐ
ユーザビリティ	シンプルな操作性	スマホアプリと生体認証等で簡単に身元確認が可能	審査結果が即時に出るため、すぐにサービスを利用可能	複数回の撮影が必要
コスト等	実装コストは安価	複数回の身元確認を行う必要があるシーンではコスト面で優位	目視確認が不要。組み込みも簡単	実装やオペレーションコストが生じる

まとめ	□ 中間的な手法とは、「保証レベル」「ユーザビリティ」「コスト等」のバランスが取れた新しい手法 □ 自主的に導入する身元確認では中間的な手法を利用可能

中間的な手法① 本人確認書類の携帯不要な「デジタル身分証」

●ID 連携技術により、手軽に本人確認ができる手法

　中間的な手法の例の1つ目が、「デジタル身分証」です。**デジタル身分証は、マイナンバーカードや運転免許証等の本人確認書類から、氏名・住所・生年月日などの情報をデジタルデータ化し、スマートフォンアプリに保存して、身元確認時に必要な情報を連携できるサービス**です。また、身元確認だけでなく、当人認証にも利用可能であり、パスワードを使わない生体認証等によるログインにも対応できます。

　デジタル身分証を利用するためには、一度は公的個人認証（P.84参照）などによる身元確認を行い、デジタル身分証を作成することから、**デジタル身分証に記録された氏名・住所・生年月日などの情報は、基となった身元確認手法と同等の保証レベル**となります。

　利用者は、デジタル身分証アプリの指示に従って、あらかじめ作成したデジタル身分証を操作・利用します（右図参照）。あらためて本人確認書類を撮影したり、IC チップの読み取りは不要です。

　デジタル身分証の特徴は、オンライン・オフラインの両方で使うことができる点です。例えば、公共施設の予約・利用をデジタル身分証一つで行うことが可能ですし、お酒やたばこを購入する時の年齢確認にも利用することができます。

　さらに、デジタル身分証では必要な情報だけを選択して連携することが可能です。例えば、お酒やたばこの購入時には、年齢が20歳以上であることだけを示せばよく、本来氏名や住所などの情報は必要ありません。サービスに応じて必要最小限の情報を連携でき、プライバシーにも配慮した確認が可能になります。

● デジタル身分証の利用方法

※事前に、ホ方式や公的個人認証による身元確認を行い、デジタル身分証を作成しておく

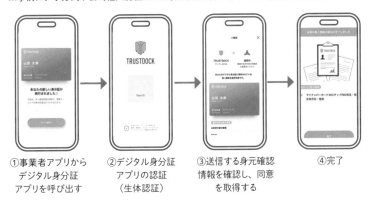

①事業者アプリから
デジタル身分証
アプリを呼び出す

②デジタル身分証
アプリの認証
（生体認証）

③送信する身元確認
情報を確認し、同意
を取得する

④完了

● デジタル身分証の特徴

複数の本人確認書類に対応	マイナンバーカード、運転免許証等、複数の本人確認書類からデジタル身分証作成が可能で、デジタル・デバイド対策にも有効
セキュリティの向上	デジタル身分証利用時に多要素での当人認証を導入することで、よりセキュリティが向上する
同意管理・法律への対応	身元確認情報送信時に送信データの確認・同意の取得を行い、その履歴も確認可能
信頼できるデータの連携	本人確認書類に基づく身元確認済みデータ（氏名、住所、生年月日等）を連携でき、自己申告ベースより信頼できるデータが活用できる
国際的に広く利用されている技術	国際的に広く利用されている連携技術（OpenID Connect等）を用いて、安全性と柔軟性を持ち合わせた情報連携が可能

まとめ	□ デジタル身分証では、スマートフォンの操作だけで本人確認が可能 □ 必要最小限の情報を連携することができプライバシーにも配慮

中間的な手法② AI技術を活用した「自動ホ方式」

● 事業者の目視確認を伴わない簡易な身元確認手法

　中間的な手法の例の2つ目は、「自動ホ方式」です。**自動ホ方式では、①本人確認書類の券面情報を即時に取得、②本人確認書類の顔写真とセルフィー画像との類似度を判定、という2つが可能となります。**

　利用者は、本人確認書類の表面・裏面とセルフィーの撮影を行うだけで操作が完了します（右上図参照）。この手順は、ホ方式（P.82参照）とほぼ同じであり、eKYCの手順としては一般的なものとなります。さらに、自動ホ方式では、取得した本人確認書類の券面情報を入力フォーム等に転記できるため、利用者が自身の情報をあらためて入力する手間を省くことができます。

　また、本手法の最大の特徴は、AI技術を活用することにより**事業者側の目視確認が不要な点です。**このことにより、身元確認の審査を行う体制の構築や外部事業者への委託等が不要となり、手軽に身元確認を導入することができます。

　一方、AIの精度や撮影環境によっては、目視による確認と比較して、偽造やなりすましの判定精度が下がる可能性があります。そのため、本書執筆時点（2023年6月）では、原則的には犯収法等の法令に準拠する身元確認には利用することができず、自主的に身元確認を導入する際のみの選択肢となります。AIの技術が進展する中、今後さらなる精度向上も見込まれることから、多くの人が利用しやすい強固な手法として、本手法の利活用が期待されます。

自動ホ方式の利用方法

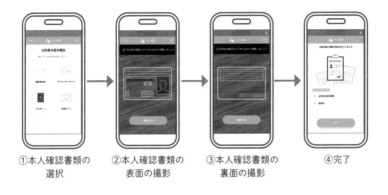

①本人確認書類の
選択

②本人確認書類の
表面の撮影

③本人確認書類の
裏面の撮影

④完了

自動ホ方式の主な利用シーン

利用できる	利用できない
・公営ギャンブル ・インターネット異性紹介 ・人材派遣 ・人材紹介 ・ショッピング、フリマ、EC ・シェアリングエコノミー ・CtoC ・クラウドソーシング ・各種マッチングプラットフォーム ・身元確認結果がすぐに欲しい ・目視での照合作業が義務付けられていない	・犯収法に準拠（銀行、保険会社、クレジットカード会社、士業など） ・携帯電話キャリア ・古物商 ・その他法令等で求められる本人確認 ・本人確認書類の真正性の確認が必要 ・目視での照合作業が必要

まとめ	□ 自動ホ方式では、①券面情報の即時取得、②顔写真とセルフィー画像の類似度判定を実施する □ 目視確認が不要で、手軽に迅速な身元確認が可能

本人確認手法を選択する上での留意点

● サービスや手続き全体を踏まえた手法の選択

第4章では、具体的な本人確認手法について、特に身元確認手法を中心に説明してきました。整理すると、①対象とするリスクに対して必要な保証レベルを満たす手法の中から、②ユーザビリティや、③コスト等を踏まえて選択する考え方です。つまり、本人確認手法は、「保証レベル」「ユーザビリティ」「コスト等」のバランスを踏まえて選択することが効果的ということです。

さらにもう一つ大切な視点として、**本人確認を単独で考えるのではなく、「サービスや手続き全体の特徴を踏まえて選択する」**ことが挙げられます。一例として、カーシェアリングサービスにおける架空の事例を考えてみます（右下図参照）。この場合、①本人確認書類に基づく確認手法を導入したい（保証レベル）、②利用者は運転免許証を所持しており、年齢層は幅広い（利用者属性）、③多くの利用者が対応できるカメラ撮影による方式が望ましい（ユーザビリティ）、④コストを抑えたい（コスト等）などを総合的に勘案すると、自動ホ方式（P.92参照）を選択するのが効果的です。リスクだけを重視した場合にはマイナンバーカードを用いた公的個人認証も候補となりえますが、利用者属性や必要な情報等も踏まえると運転免許証を用いた手法が候補となります。

具体的にどのような視点で考えるかは業界特性などを踏まえる必要がありますが、まずはサービスや手続きの特徴や主な利用者属性を想定しつつ、「保証レベル」「ユーザビリティ」「コスト等」のバランスを踏まえて手法を検討されることをおすすめします。

サービスや手続き全体を踏まえた手法の選択

本人確認手法単独ではなく、サービスや手続き全体の特徴を踏まえて手法を選択する

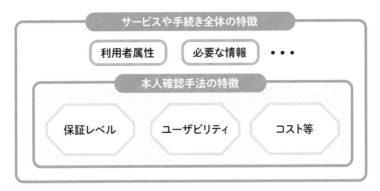

サービスや手続き全体を踏まえた手法の選択

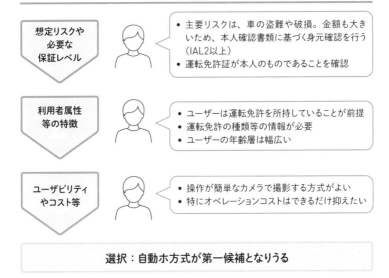

| 想定リスクや必要な保証レベル | ・ 主要リスクは、車の盗難や破損。金額も大きいため、本人確認書類に基づく身元確認を行う（IAL2以上）
・ 運転免許証が本人のものであることを確認 |

| 利用者属性等の特徴 | ・ ユーザーは運転免許を所持していることが前提
・ 運転免許の種類等の情報が必要
・ ユーザーの年齢層は幅広い |

| ユーザビリティやコスト等 | ・ 操作が簡単なカメラで撮影する方式がよい
・ 特にオペレーションコストはできるだけ抑えたい |

選択：自動ホ方式が第一候補となりうる

| まとめ | □ 本人確認は、単独ではなく、サービスや手続き全体の特徴を踏まえて選択することが重要
□ 業界・業種の特性や主な利用者属性などが手法選択のカギ |

新しい当人認証手法「パスキー」

　当人認証についても様々な手法が存在しています。その中で最も一般的なものはパスワードによる認証ですが、パスワードは単純なものが用いられたり、使い回しをされてしまうケースが多いなどの課題があります。

　こうしたパスワードの課題に対応できる手法として、近年注目されているものが、「パスキー」です。パスキーは、パスワードレス認証の標準化団体であるFIDOアライアンスとWebの標準化団体であるW3C（World Wide Web Consortium）が共同で規格化したもので、Apple、Google、Microsoftなども採用を発表しています。また、日本国内でもヤフー、ドコモ、マネーフォワードなどで対応が進んでいます。

　パスキーは、公開鍵暗号技術（P.76参照）を使用していますが、利用者は生体認証としての体感で当人認証が可能となります。さらに、秘密鍵にあたる「マルチデバイス対応FIDO認証資格情報」をクラウド上で同期することができる点が特徴的です。従来のFIDO方式（FIDO2など）では、秘密鍵が端末内に保存されているため、複数の端末を利用する場合には、それぞれの端末の公開鍵をオンラインサービスなどに登録する必要がありました。また、これまでは端末を紛失したり機種変更をした際などには、別の端末でのログインができる仕組み（アカウントリカバリー）の実装が必要でした。しかし、パスキーを用いることで、これらの課題を解決することができます。

　パスワードレス認証の普及に向けて、今後パスキーの拡大が注目されます。

Part

5

必要とされるシーンとは？

デジタル本人確認
サービス
活用事例

金融サービスにおける本人確認

● 口座開設時に必須となりつつあるeKYC

　銀行や証券会社が提供する金融サービスには、多くの場合、不正利用やなりすまし等によるマネー・ロンダリング等の防止の観点から、法令に基づく本人確認の実施が義務付けられています（P.34参照）。その身近な例に、銀行口座や証券口座の開設の際の本人確認手続きがあります。銀行振込や株式売買などの金融サービスが、PCやスマートフォンで行えるようになったことで、本人確認が必要となるサービスの登録自体もオンラインで済ませたいとのニーズが高まり、サービス登録から利用まで、すべてオンラインで完結する金融サービスも増えています。

　金融サービスにおけるeKYCの手法は法令で定められています。 スマートフォンやタブレットで顔写真と本人確認書類を撮影・送信する手法（ホ方式、P.82参照）が典型的で、利用経験のある方も多いのではないでしょうか。また、マイナンバーカードの普及拡大に伴い、マイナンバーカードのICチップを活用した手法（主なものとして公的個人認証、P.84参照）も今後より活用が見込まれる手法として注目されます。

　従来の窓口・郵送での本人確認をオンラインで実施するeKYCは、顧客利便と事務効率の向上の両面に資する手段ですが、最近では、準拠法令の改変等への柔軟な対応、システム対応の負担等も考慮し、eKYC業務そのものを専門事業者に委託することで、より金融サービスの価値向上に注力できる環境を整える金融機関も多くなってきています。

● 金融サービスにおけるeKYC普及の背景

金融サービスを取り巻く環境変化	・キャッシュレス決済、株式投資をはじめ様々な金融サービスがスマホ1つで利用可能になる、サービスそのもののデジタル化 ・コロナ禍で加速した社会の非対面選好 ・法令改正により金融機関等を対象にeKYCが解禁

従来の手法（対面・郵送）のデメリットの解消	・本人確認の場所や時間が限定されることによる負荷（対面） ・本人確認を実施する人員確保などの事業者の負荷（対面） ・本人確認が完了するまでの期間が長い（郵送） ・本人確認書類のコピー添付に内在する偽造リスク（郵送）

eKYC導入によるメリット	・スマホ利用等を通じたUI/UX向上によるユーザーの離脱回避 ・業務効率の改善（書面による工数・コストの削減、eKYC業務のアウトソースによる金融サービスそのものへの注力） ・セキュアな手法を活用することによる不正の回避

● eKYCが活用される金融サービス例

- 銀行口座開設
- 証券口座開設
- 暗号資産口座開設
- 投資口座開設
- 保険契約の締結
- クレジットカード契約
- 住宅ローン手続き
- 満期返戻金の受け取り
- 各種名義変更

eKYCでラクラク

まとめ	□ 多くの金融サービスにオンラインでの本人確認が導入されている □ 金融機関の効率的なサービス提供には、eKYC事業者の活用も有効

リユースサービスにおける
本人確認

● オンライン・リユースの拡大とともに広がるeKYC

書籍、DVD やゲームソフトなどの不要になった物を街中の店舗で買い取ってもらった経験はあるでしょうか。このような中古品等の買い取りを行う事業者（古物商）には、古物営業法に基づき、顧客に対して本人確認を行うことが義務付けられており（P.46 参照）、店員の面前で本人確認書類を提示する本人確認が一般的でした。

しかし最近は、**Web サイトやアプリを通じ、売りたい時にいつでも利用できるオンラインの買い取りサービスが広がりを見せています**。古物営業法には、本人確認書類のコピーと販売したい古物を同封・送付してもらい、転送不要扱いの簡易書留の送付・到達確認を経て代金を本人名義口座に振り込む手法も定められていますが、近年、利便性向上の観点から、以下の eKYC 手法の利用が増えています。

- 犯収法のホ方式と同様、顔写真と本人確認書類の画像を送信してもらう eKYC
- 犯収法のヘ方式と同様、顔写真と本人確認書類の IC チップ情報を送信してもらう eKYC

さらに、**事業者は買い取りを行わない、CtoCで売買を行うネットオークションやフリマアプリなども広く展開されています。このような場合、古物営業法上の本人確認義務は必ずしも直接適用されるわけではありません**が、顧客が安心して取引に参加できるように、事業者側でしっかりと参加顧客の本人確認を行い、自社の信頼感、サービスの安全・安心を醸成したいというニーズが高まっています。

● 近年拡大するリユース市場

リユース市場の規模は年々拡大。コロナ禍でECに注力する事業者の流れを反映したオンライン・リユースの拡大、さらにはSDGsの流れなども追い風に、今後も拡大が見込まれる。

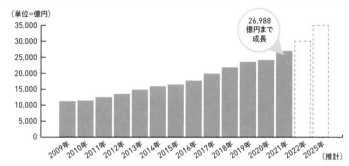

出典：リサイクル通信「リユース業界の市場規模推計2022(2021年版)」

● リユース事業者（古物商）の法令に基づく本人確認義務の範囲

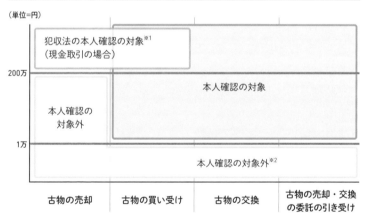

※1 犯収法の特定事業者のうち、宝石・貴金属等取扱事業者(古物商も基本的に該当)が、宝石・貴金属等の売買契約の締結をした場合　※2 ただし、ゲームソフト、自動二輪、原動機付自動車、本、CD等については、金額に関わらず本人確認が必要

| まとめ | ☐ オンライン・リユース市場の拡大に伴い eKYC のニーズが拡大している |
| | ☐ 法令が適用されないサービスでも、利用者の信頼獲得等のために本人確認が活用されている |

携帯電話サービスの契約時における本人確認

◉生活に欠かせない携帯電話を契約する際に

　今や5人のうち4人が携帯電話（スマートフォンを含む）を保有する時代、日々の生活において携帯電話は欠かせないツールです。

　携帯電話不正利用防止法では、携帯電話サービスを提供する通信キャリアやレンタル携帯電話事業者に対し、利用者の氏名、住所、生年月日等の確認を求めています（P.44参照）。この際、**以下の手法などを用いることでオンラインで手続きを完結することができます。**

① **「顔写真付き本人確認書類の画像」＋「自分の顔写真（セルフィー）の画像」を用いた手法（ホ方式、P.82参照）**

　通信キャリア等が提供するソフトウェアを使用し撮影した a. 写真付き公的身分証（身分証に表示されている氏名、住所、生年月日および顔写真と身分証の厚みなどが確認できるもの）＋ b. 自分の顔写真の画像（セルフィー）の画像データの送信を、利用者から受ける方法

② **「顔写真付き本人確認書類のICチップ情報」＋「自分の顔写真（セルフィー）の画像」を用いた手法（ヘ方式、右上図参照）**

　通信キャリア等が提供するソフトウェアを使用し撮影した a. 写真付き公的身分証のICチップ内のデータ（当該ICチップに記録されている氏名、住所、生年月日および顔写真のデータ）＋ b. 自分の顔写真（セルフィー）の画像データの送信を、利用者から受ける方法

③ **「公的個人認証（署名用電子証明書）」を用いた方法（P.84参照）**

　マイナンバーカードの公的個人認証サービスを使用して、a. 署名用電子証明書＋ b. 電子署名が行われた取引情報の送信を、利用者から受ける手法

● ヘ方式の流れ（運転免許証を用いる場合）

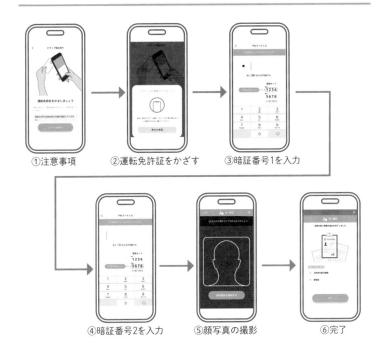

①注意事項　②運転免許証をかざす　③暗証番号1を入力

④暗証番号2を入力　⑤顔写真の撮影　⑥完了

● ヘ方式の主なメリット・デメリット

メリット	・ICチップ内のデータを読み取るため、券面偽造のリスクが低い ・ホ方式よりステップが少なく、かつ、画像の不鮮明等により否認が起こりにくい

デメリット	・ICチップの暗証番号を記憶している必要がある ・ICチップを読み取ることができるスマートフォンなどが必要である ・利用できる顔写真付き本人確認書類の種類が少ない

まとめ	□ 携帯電話の契約では、携帯電話不正利用防止法に基づく手法を用いてオンラインで手続きが完結できる

MaaSやモビリティサービスにおける本人確認

● カーシェア、シェアサイクル等で行われる本人確認

　近年、MaaS の注目度が高まる中、日常生活や観光における移動手段として、モビリティのシェアリングサービスが広がりを見せています。

　モビリティのシェアリングサービスには、カーシェアやライドシェア（自動車）、シェアサイクル（自転車）等がありますが、基本的に**はスマートフォンのアプリや Web ブラウザから利用するものであることから、オンライン上で利用者の不正防止等を講じる必要**があります。

　例えばカーシェアリングサービスでは、利用者登録の際に利用者の実在性に加え、自動車の運転に必要となる有効な運転免許証の所持について確認を行うことが重要となります。

　具体的な手法としては、**運転免許証の画像をアップロードする手法（P.86 参照）を用いるケースが多い**ですが、事業者によっては、なりすまし等のリスクをより軽減するため、運転免許証の画像情報のアップロードに加え、顔写真の撮影を求めるケース、運転免許証によりホ方式に準拠した手法（P.82 参照）を用いるケース等もあります。

　一方で、例えば**シェアサイクルでは、利用にあたり運転免許証の所持は要件とされないことから、自己申告により身元確認が行われるケースが中心**です。ただし、自転車の鍵の代わりになるスマートフォンや交通系 IC カード、決済に必要なクレジットカード等の登録が必要です。

● 移動のシェアリングサービスの本人確認手法マッピング

		AAL		
		1	2	3
IAL	3			
	2	リアルタイム撮影+ID セルフィー／パスワード	リアルタイム撮影+ID セルフィー／パスワード+OTP	
		アップロード／パスワード アップロード+ID セルフィー／パスワード	アップロード+要望の撮影／パスワード+OTP	
	1	自己申告／パスワード 自己申告／OTP	自己申告／パスワード+OTP	

（回答数=17）　多 ■　←――――――――→　少
事例数

出典：「民間事業者向け本人確認ガイドライン（第1.0版）」　注：OTP=ワンタイムパスワード

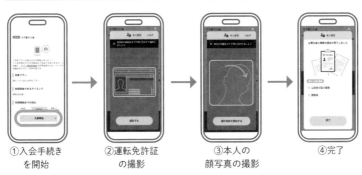

● カーシェアリングの入会申し込み例（タイムズカー「スグ乗り入会」）

①入会手続き
を開始

②運転免許証
の撮影

③本人の
顔写真の撮影

④完了

出典：タイムズカーの「スグ乗り入会」（https://share.timescar.jp/）
オンラインで運転免許証、本人の顔写真（セルフィー）を送信すると、最短15分で入会審査結果が得られる入会方法。手続きには、運転免許証、クレジットカード、運転者の携帯電話番号とメールアドレスが必要

まとめ	□ モビリティサービスでは、法令に定めはないが、不正防止のため、本人確認を行うケースが増えている
	□ 自動車の利用を伴うサービスの本人確認では、運転免許証の画像をアップロードする手法が多い

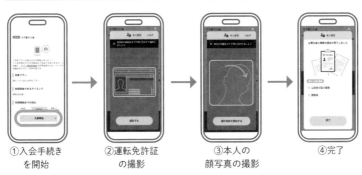

人材の紹介やマッチングにおける
本人確認

● 便利で安心なサービスにつながるeKYC

　最近では、短時間勤務、副業や兼業、フリーランス、リモートワークなどのスタイルが社会に浸透し、それぞれのライフステージ、価値観、スキルに応じて働き方が多様化しています。こうした中、人材の紹介やマッチング等の分野でも本人確認のオンライン化が進んでいます。

　かつては、アルバイトをしようとする場合には、自分の氏名や住所を書き、写真を貼り付けた履歴書を持って面接を受けることが一般的でしたが、今ではオンラインで利用者登録を行い、面接を受けに行くことなく、すぐにアルバイトができるサービスも出てくるなど、働く側は非常に便利になっています。

　他方、それを受け入れる事業者側は、オンラインで登録された人の氏名や住所は本当なのか、その本人は本当に実在するのかなどの不安があるのではないでしょうか。例えば家事代行サービス、ベビーシッターサービスのような場合には、サービス利用者側からすると、自宅にどのような人が来るのかわからないと敬遠する人もいるでしょう。逆に、現地で実際にそれらのサービスを行うスタッフ側からしても、サービス利用者の情報を知っておきたいと考えるでしょう。

　こうしたサービスでは、法令上本人確認の定めはないものの、アルバイトを受け入れる事業者、家事代行サービス等の利用者やスタッフが便利で安心なサービスの利用や提供を行うことができるよう、自主的に本人確認を行うケースが増えています。

● 民間企業における副業や兼業の広がり

7割を超える企業において、副業や兼業を「認めている」または「認める予定」と回答している。

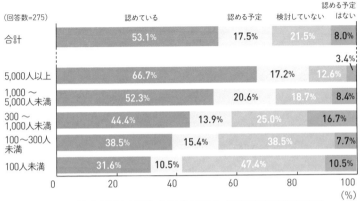

（回答数=275）

	認めている	認める予定	検討していない	認める予定はない
合計	53.1%	17.5%	21.5%	8.0%
5,000人以上	66.7%	17.2%	12.6%	3.4%
1,000〜5,000人未満	52.3%	20.6%	18.7%	8.4%
300〜1,000人未満	44.4%	13.9%	25.0%	16.7%
100〜300人未満	38.5%	15.4%	38.5%	7.7%
100人未満	31.6%	10.5%	47.4%	10.5%

出典：一般社団法人 日本経済団体連合会「副業・兼業に関するアンケート調査結果」（2022年10月11日）
注：四捨五入により、合計が100%にならない場合がある

● 人材紹介やマッチングサービスの利用イメージ

まとめ	□ 人材の紹介やマッチングの分野でもオンライン化が進んでいる □ 事業者、利用者双方の利便性と安心感の確保のため、本人確認が活用されている

地域ポイントなどのオンライン化における本人確認

● 適正な配布や不正利用防止のためのeKYC

　少子高齢化の急速な進行に加え、近年の新型コロナウイルス感染症の感染拡大を受けて、地域経済の活性化、観光振興、健康増進などを目的に、地域で使えるポイントやクーポンの配布を行う地方自治体が増えています。こうしたサービスを利用する際には、従来は所定の場所で受付などを行う必要がありましたが、最近ではPCやスマートフォンから利用できるサービスが普及し、デジタル化が進んでいます。

　例えば、オンライン上において、住民や観光客が地域での買い物や飲食に使えるポイント、子育て世代が加盟店で割引やサービスを受けられるクーポンなどを配布したり、地域での活動や健康づくりの取り組みに応じて地域で使えるポイントを付与したりと、様々なサービスが生まれています。

　こうした取り組みにおいては、地域においてポイントなどが活発に使用されることが望ましい一方、その配布や利用が特定の個人や団体に偏ってしまうのはあまりよいことではありません。そこで、**対象者一人ひとりに配布数や上限数が設定されることが一般的で、その際には、その人が本当に対象者であるのか、1人が複数アカウントで重複して登録していないかを確認する必要が出てきます。**

　そのため、地域ポイントの配布・利用においては、法令上本人確認は求められていませんが、適切な配布や不正利用の防止を図るため、本人確認を導入するケースが増えています。

● 地域ポイントのイメージ（電子しまぽの事例）

「電子しまぽ」は、東京11島で利用できるスマートフォンを利用した「観光パスポート」サービス。
しまぽ通貨（宿泊旅行商品券）の購入、店舗で利用できるほか、スタンプラリーでポイントを
集めるなどできる。

● 地域通貨における本人確認の例（しまぽ通貨の事例）

アップロード方式で本人確認を行った後に、地域通貨の購入が可能になる。

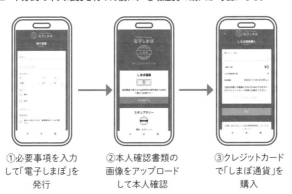

①必要事項を入力　　②本人確認書類の　　③クレジットカード
　して「電子しまぽ」を　　画像をアップロード　　で「しまぽ通貨」を
　発行　　　　　　　　して本人確認　　　　　購入

出典：「電子しまぽ〜しまぽ通貨の使い方」(https://shimapo.com/)　　©公益財団法人東京観光財団

まとめ	□ デジタル地域ポイントの配布などでは、適正な配布や不正利用防止を図るために本人確認を行うケースが増えている
	□ 本人確認で配布対象者等の確認、重複登録のチェックなどを行っている

行政サービスを利用する際の
本人確認

▶ オンライン完結可能な行政手続きの広がり

　現在、国や地方自治体では、行政手続きのオンライン化が進められています。そのため、本人確認も、住民票の写しの添付や窓口での運転免許証の提示等に代わり、マイナンバーカードによる公的個人認証やホ方式等の手法によりオンラインで手続きを完結できるケースが増えています。

　地方自治体では、例えば、市民センター、スポーツ施設等の公共施設の利用予約などにおいてオンライン化が進んでいます。これまでも予約手続き自体がオンライン化されているケースはありましたが、その前に行う利用者登録では、公共施設の窓口に出向き、運転免許証等を提示して本人確認を行っていました。しかし、最近では、公的個人認証やホ方式等の手法により、オンラインで利用者登録を行うケースも増えており、利用者登録から予約までの一連の手続きをオンラインで完結することができるようになってきています。

　また、**中央省庁でも、例えば、農林水産省は、農林水産省共通申請サービス（eMAFF）を運用しており、令和4年度から公的個人認証で本人確認を行うこともできる**ようになりました。そのため、獣医師法に規定されている届出をはじめ、多くの手続きがオンラインで完結できる環境が整備されています。

　なお、行政手続きでは、行政手続ガイドライン（P.42参照）において、手続きごとにリスクの影響度やそれに応じた保証レベルを踏まえた本人確認を行うこととされています。

● 公共施設のオンライン登録手続きの例（神奈川県川崎市の場合）

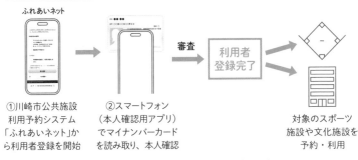

① 川崎市公共施設利用予約システム「ふれあいネット」から利用者登録を開始

② スマートフォン（本人確認用アプリ）でマイナンバーカードを読み取り、本人確認

審査 → 利用者登録完了

対象のスポーツ施設や文化施設を予約・利用

出典：川崎市「ふれあいネット」(https://www.fureai-net.city.kawasaki.jp/)より作成

● eMAFFにおけるオンライン本人確認手続き

gBizIDエントリーの取得
- 本人確認は不要
- ID/パスワードを設定し「gBizIDエントリー」を取得

eMAFFプライムの取得
- 「gBizIDエントリー」ID/パスワードでログイン
- スマートフォン（MAFFアプリ）でマイナンバーカードを読み取り（公的個人認証）

eMAFFプライムの利用
- 事務局から本人確認完了通知
- ID/パスワードに、SMS認証、MAFFアプリ認証、生体認証のいずれかを加えた2要素認証でログイン

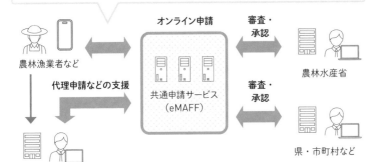

農林漁業者など

代理申請などの支援

関係機関

オンライン申請

共通申請サービス（eMAFF）

審査・承認

農林水産省

審査・承認

県・市町村など

出典：農林水産省 eMAFFパンフレット(https://e.maff.go.jp/resource/1608981602000/eMaffPamphlet)より作成

まとめ	□ 国や地方自治体の行政手続きでは、オンラインで手続きを完結することができるケースも増えている □ 行政手続きにおける本人確認については、行政手続ガイドラインが定められている

マイナポータルのサービスを
利用する際の本人確認

◉ 政府が運営する行政手続きのオンライン窓口

マイナポータルは、マイナンバーカードを利用し、子育てや介護をはじめとする行政手続きをワンストップで行ったり、行政機関からのお知らせをスムーズに確認できるオンラインサービスです。

マイナポータルでは、①ぴったりサービス（オンラインでの行政手続き）、②わたしの情報（自分の所得・個人住民税等の確認）、③お知らせ（行政機関等からのお知らせ）、④やりとり履歴（「わたしの情報」の履歴確認）、⑤もっとつながる（e-Tax やねんきんネット等と連携したスムーズなログイン）が利用可能です。さらに、マイナポータルの機能は継続して拡充されています。例えば、2023 年 2 月からは、引越しワンストップサービスとして、オンラインによる転出元自治体に対する転出届の提出と、転出先自治体に対する来庁予定の申請が可能となりました。また、同年 3 月からは、パスポートの取得・更新等の申請がマイナポータルを通じてオンラインで可能になりました。今後もマイナポータルの機能がさらに拡充され、生活がより便利になることが期待されます。

マイナポータルにログインするためには、スマートフォンや IC カードリーダーにマイナンバーカードをかざし、利用者証明用電子証明書の暗証番号（数字 4 桁）を入力します（公的個人認証）。この場合、**当人認証の保証レベル（P.22 参照）は最高レベルの AAL3 であり、高いセキュリティが確保されています**。さらに、マイナンバーカードの電子証明書機能を搭載したスマートフォンでは、端末の生体認証を利用したログインも可能となっています。

● マイナポータルで可能な手続き・電子申請の例

マイナポータルで可能な行政手続き

引越しの手続き	転出届の届出・転入届提出来庁予定の申請
パスポートの手続き	パスポートの取得・更新・紛失等
年金の手続き	国民年金の免除・猶予申請等
自治体への手続き	ぴったりサービス、子育て・介護等の申請

連携しているサイト

国税庁	国税電子申告・納税システム（e-Tax）
日本年金機構	ねんきんネット
総務省	電波利用電子申請・届出システム Lite
厚生労働省	求職者マイページ（ハローワークインターネットサービス）、マイジョブ・カード
日本郵便	MyPost
野村総合研究所	e-私書箱
シフトセブンコンサルティング	ふるさと納税 e-Tax 連携サービス

出典：マイナポータル（https://myna.go.jp/）より作成

● マイナポータルへのログイン時の当人認証

①マイナンバーカードの利用者証明用
電子証明書の暗証番号（数字4桁）を入力

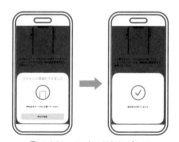

②マイナンバーカードをかざして
情報を読み取る

まとめ	☐ マイナポータルとは、政府が運営する行政手続きのオンライン窓口 ☐ マイナポータルは、マイナンバーカードを用いることで高いセキュリティを確保

マイナンバー取得時の本人確認

● 民間事業者もマイナンバーの取得が必要な場合がある

　マイナンバーは社会保障・税・災害対策分野の行政手続きにおいて利用され、各種申請書等への記載が必要とされます。このため、一般の事業者においても、従業員の社会保険の手続きや源泉徴収票の作成の場面や、証券会社等の金融機関での支払調書の作成といった場面で、マイナンバーの取得が必要となります。

　マイナンバーは個人の識別性の高い情報であることから、これを取り扱う事業者等には、各種の安全管理措置はもとより、その取得にあたっても、なりすまし等を防止するため厳格な本人確認を行うことが求められています。具体的には、番号が正しいことの確認（番号確認）と正当な持ち主であることの確認（身元確認）を行うことが義務付けられています。

　これらの確認手法について、**マイナンバーカードが1枚あれば、その提示を受けることで、一気通貫で番号・身元の両方を確認することができます**。また、マイナンバーカードそのものが提示されない場合には、番号確認は住民票の写し、身元確認は運転免許証やパスポートといった公的な本人確認書類の提示を受けることで確認する手法も認められています。

　さらに、マイナンバーカードのICチップ情報の読み取りや公的個人認証サービスによる電子署名の活用等、オンラインのみで行える確認手法も認められています（右下図参照）。

　なお、2023年6月、社会保障・税制・災害対策以外の行政事務にも利用が可能となるマイナンバー法の改正が成立しています。

◉ 民間事業者によるマイナンバーの取得

民間事業者においても、社会保障と税の手続きで、マイナンバーの取り扱いが必要となる場面がある。

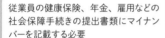

社会保障	税
• 健康保険・厚生年金保険・被保険者資格取得・喪失届 • 健康保険被扶養者(異動)届 • 国民年金第3号被保険者関係届 • 月額報酬算定基礎届・月額報酬変更届 等	• 給与所得の源泉徴収票(給与支払報告書) • 退職所得の源泉徴収票・特別徴収票 • 配当・剰余金の分配および基金利息の支払調書 • 不動産等の譲受けの対価の支払調書 等
従業員の健康保険、年金、雇用などの社会保障手続きの提出書類にマイナンバーを記載する必要	税務署などへの提出書類(法定調書)に従業員や顧客のマイナンバーを記載する必要

◉ マイナンバーを取得する際に必要な情報

マイナンバーを取得する場合には、「番号確認」と「身元確認」の実施が必要となる。

確認内容		単一書類で確認	番号・身元を別々の書類で確認
対面での確認手法	番号確認	マイナンバーカードの提示	住民票写し：左記が困難な場合、過去に本人確認の上で作成したファイルに基づく確認も可能
	身元確認		運転免許証またはパスポート 等：左記が困難な場合、2つ以上の公的身分証明書類で代替可能。雇用関係等から同一人物であることが明らかな場合は身元確認書類は要しない
デジタルでの確認手法	番号確認	マイナンバーカードのICチップ読み取り	• 過去に本人確認の上作成しているファイルの確認 • マイナンバーカード等の画像データの電子的送信 • 地方公共団体情報システム機構への確認
	身元確認		公的個人認証による電子署名：マイナンバーカードや運転免許証等の画像データの電子的送信。民間発行の電子署名事業者が本人確認済で発行したIDとパスワード

まとめ	☐ 民間事業者にもマイナンバーの取得が必要な手続きがある ☐ マイナンバー取得の際には、番号確認と身元確認が必要

顧客情報の不正利用やなりすましを防止する

　事業者にとって顧客の本人確認が必要になるフェーズは必ずしもサービスの登録や利用時に限られるものではありません。

　特に金融機関においては、顧客の本人確認を継続的に実施し、顧客情報を常に最新の情報に保つことが銀行口座の不正利用やなりすましを防止する観点で重要です。これは継続的顧客管理と呼ばれ、FATF勧告やこれを踏まえた金融庁のガイドラインにおいてその適切な実施が求められています。金融庁のガイドラインでは2024年3月末を期限とする継続的顧客管理も含めた体制整備が求められており、金融機関においては、取り組みを加速しています。その他の事業者にとっても継続的顧客管理を通じて顧客情報を最新に保つことは有用かつ重要です。

　方法は、登録されている顧客の情報について、定期的に質問票を送付・回収するなどして確認・更新することが一般的ですが、事業者がこれを着実に実施していく上では様々な課題もあります。例えば、顧客の属性に応じた質問票の作成、送付が必要となる顧客や送付頻度の管理、膨大な顧客データ管理等の事務負担、また、特に郵送等のアナログでの対応では送料や入力事務等のコスト負担も見込まれます。顧客との連絡を取るにあたり複数の通知手段を用意するなど、質問票への返答率を高める工夫も必要になります。

　最近では、顧客情報のデータベース（CRMシステム）に、顧客属性に応じた質問票、複数の通知手段（メール・SMS・郵送等）、Webフォーム回答入力、本人確認結果の反映等、様々な機能を組み込むことで、一連の対応をよりスムーズに実施可能にするサービスの提供もなされるようになっています。

Part

6

情報を取り扱う責任を知る

本人確認を
導入する際に
気を付けるべきこと

本人確認実施にあたっての責任

● 信頼の置ける委託先の選定や事前の取り決めも重要

　本人確認の大きな目的の一つは、なりすまし等の犯罪による不正防止です。自社のサービス提供に際して、適切な本人確認を実施することで、不正を未然に防止する効果があり、利用者の安全や安心にもつながります。

　このように本人確認は大きな効用をもたらすものですが、同時に、それが適切に実施されなければ、利用者の安全・安心を損なうのみならず、自社・利用者ともに不測の損害を被るようなことにもなりかねません。オンラインなど非対面の形で本人確認を実施する場合、多くの事業者においては、その実装を専門事業者に委託するものと考えられますが、そうした場合であっても、**本人確認は、サービス提供事業者自らの責任と判断のもとで導入するものであること**を意識した対応が必要になります。本人確認を導入する事業者においては、こうした点も十分に念頭に置くことが重要です。

　例えば、あらかじめ、本人確認の専門事業者（委託先）との契約等において、双方の負うべき責任の範囲を明確化することや、委託先の業務水準の確認（提供している本人確認手法の強度、各種法令遵守状況、セキュリティ体制など）を行うことが重要になります。また、委託後も継続的に適切な本人確認が実施されるよう委託先とのコミュニケーションを図っていくことも念頭に置く必要があります。

　本人確認は、多くの場合、自社サービス提供に付随して行われるものであるため、導入に際してのコストや利便性のみを判断要素としがちですが、その責任を考慮した対応が重要です。

● 本人確認の委託にあたっての留意点

本人確認は、サービス提供事業者が自らの責任と判断で導入するもの

導入コスト	利便性

$+$

本人確認の責任の主体	・本人確認を適切に実施できなかった場合の法令上の責任は、委託先ではなく委託元の事業者が負う ・法令に本人確認の定めのないサービスについては、別途委託契約書で責任分担を規定する等し、双方が一定の責任を負う
信頼に足る委託先の選定	・提供している本人確認手法の強度 ・各種の法令遵守状況(個人情報保護法等) ・セキュリティ(個人情報の取り扱い、第三者による認証の取得状況等)
継続的かつ適切な委託先管理	・各種法令遵守状況の継続的な確認 ・セキュリティ対策の実施状況の継続的な確認

 本人確認の適切な実施を通じた利用者の安全・安心
自社・サービスのプレゼンス・価値向上

まとめ	□ サービス提供事業者には、責任を持って適切な本人確認の実施を確保する必要がある □ 本人確認を委託する場合でも、信頼の置ける事業者の選定が重要

自社のシステムとAPI連携を行う際の確認事項

◉ 本人確認を専門事業者のサービスでまかなう

　デジタル本人確認の導入には、システムの構築・改修が欠かせません。本人確認は通常、サービスの入り口で行われるため、システムの不具合が発生すると、サービス全体に影響が生じるおそれがあります。また、個人情報の取得に対する配慮も必要です。

　自社で構築・改修を完結するだけでなく、最近では**身元確認サービスをAPI**（Application Programming Interface の略で、ソフトウェアやプログラムの一部を公開することで、外部のソフトウェアなどとの連携が可能になる）**として提供している事業者と連携して構築等を行う事業者もいます**。API連携を行う場合、**連携先選定にあたっては、第三者認証の取得状況等を確認するなど、個人情報の取り扱いやセキュリティ対策が信頼に足る事業者であるかを確認することが極めて重要**となります。

　一方で、どれだけ丁寧に準備して本人確認を導入しても、システム面のトラブルが発生することはあります。そうした場合に、連携先が迅速かつ的確に対応することができるか否かを確認し、あらかじめ契約等により担保することで連携先の信頼性を確保することも重要です。また、円滑なシステム運用を継続的に確保するために、導入後に連携先の法令遵守状況やセキュリティ対策の実施状況の確認を行うことも効果的です。

　こうした対応を的確に行っていくためにも、API連携を行う行わないに関わらず、自社の本人確認とシステムの関係を正しく理解し、状況に沿った対応ができる体制を敷いておくことが求められます。

● 身元確認導入時の主要な対応事項

主な対応事項

導入前

1	必要な属性の検討・身元確認手法の選択・ユーザーエクスペリエンスの設計
2	システムの構築・改修
3	ユーザーへの事前周知

導入後

| 4 | システム運用・セキュリティ体制の整備 |
| 5 | 問い合わせ対応の体制整備 |

● API連携のメリットと留意点

| メリット | ・コスト・時間の削減、機能の追加も用意
・セキュリティや個人情報の取り扱いに対応
・入力の自動化等のUI/UXが優れている |

| 実装までの留意点 | ・API仕様の理解、変更、停止時の対応
・トラブル時の対応フロー（テストを実施） |

> ！ APIを導入した場合でも、身元確認の責任の主体は導入事業者になるため、APIの提供元任せにせず、自社内でもAPIに関する理解を深めることが重要

| まとめ | □ 身元確認サービスを API として提供する事業者もある
□ API 連携を行う場合、第三者認証の取得情報等、個人情報の取り扱いやセキュリティに信頼が持てる事業者を調べ、選定すること |

本人確認で対応したいリスクを特定する

▶ 本人確認導入の第一歩はリスクの分析・評価

　本人確認を導入する際には、どのようなリスクに対応したいかを明確にすることが重要です。そして、そのためには**対象となる事業のリスクの分析・評価を行うことが第一歩**となります。

　リスクの分析・評価は、リスクマネジメントの手順に従って行うことが推奨されます。一般的に、**①自社が抱えているリスクを洗い出し、②それぞれのリスクを影響の大きさ×発生確率で算定します。③その後、算定したリスクをマトリックスなどで整理し、④対処するか否か、対処するのであればどのような方法かを決める**、といったステップを踏みます（右上図参照）。

　本人確認ではなりすましを防ぐことができるため、例えば訪問型のホームサービスのような知らない人同士が直接対面する個人間取引等において、利用者同士のトラブルや不安を取り除くために、本人確認が導入されるケースが多くあります。どのようなリスクに対応するかは、業界や企業規模によっても変わるため、自社のサービスや手続きに応じたリスクを各社が検討することが重要です。

　さらに、こうしたリスクに対して本人確認でどれだけ対応できるかは 22 ページで紹介した保証レベルが目安になりますが、それだけでは不十分です。例えば、同じ IAL2 に位置付けられる、本人確認書類の画像をアップロードする方式と IC チップ内の情報を読み取る方式では、券面偽造のリスクに違いがあります。各手法の特徴を踏まえて適切な手法を選択することが重要です。

● リスクマネジメントの概要

①リスクの
洗い出し
サービスや手続きが抱えるビジネス上のリスクを広く洗い出す

②リスクの
分析
洗い出したリスクについて、影響の大きさ×発生確率などから、リスクの大きさを分析する

③リスクの
評価
リスク分析の結果に基づき、対応の要否や優先順位を評価する。リスクの分析と合わせて、マトリックスにプロットする手法などもある

④リスクへの対応
方法の決定
対応することとしたリスクの対応方法を決定する。その際、すべてを本人確認で対応する必要はなく、保険等を活用したり、リスクを受容する方法もある

 リスクへの対応方法はPDCAサイクルを回し、継続的に見直すことが重要

● IAL2に位置付けられる身元確認手法の比較

	券面偽造への耐性	ユーザビリティ
アップロード	本人確認書類の画像を加工することが可能であり、偽造リスクは高い	券面を撮影又はスキャンしアップロードするだけでよく、多くの利用者が対応可能
ICチップ読み取り	改ざん耐性のあるICチップであれば、偽造リスクは極めて低い	ICチップの読み取り機器が必要。また、暗証番号が必要な場合もある

 同じIALでも対応可能なリスクに差があるため、手法の特徴を踏まえることが重要

まとめ	☐ 本人確認導入の第一歩はリスクの分析・評価 ☐ リスクの重要度と手法の特徴を踏まえて選択することが重要

利用者の離脱とその対策

◉ 身元確認で発生するユーザー離脱のポイントとその対策

　身元確認の過程では、利用者が離脱してしまうことがあります。その原因は様々ありますが、「身元確認が面倒」というものもあれば、「手順がわからない」「暗証番号を覚えていない」という手法の特徴が原因となるものもあります。**身元確認時に利用者が離脱してしまう要因としては、大きく次の3つが考えられます。**

　1つ目は「**本人確認書類の所持**」です。身元確認で提出を求める本人確認書類をそもそも持っていない、持っていたとしても身元確認時に所持していない場合、身元確認を行うことができません。

　2つ目は「**本人確認書類の提出**」です。例えば、本人確認書類のICチップ情報を読み取る方式では、ICチップの読取機器を持っていない場合や、ICチップ情報を読み取るために必要な暗証番号を覚えていないと、本人確認書類を提出することができません。

　3つ目は「**身元確認時の審査**」です。本人確認書類の提出が完了したとしても、本人確認書類の券面を撮影する方式では、撮影画像が不鮮明だったり、券面の一部が写っていなかったりした場合は、身元確認結果を「否認」とせざるを得ず、利用者には本人確認書類を再度提出してもらう必要が生じます。

　離脱ポイントの影響度合いは、身元確認手法によって異なります。そのため、**利用者の離脱を低減させるには**、①前述（P.94参照）のように、サービスや手続きの特徴を踏まえ、**多くの利用者が対応可能な手法を用意する**、②複数の身元確認手法を用意する、などの対策が効果的**です。

● 身元確認における主な離脱ポイント

本人確認書類の所持 — 利用者が本人確認書類を持っているか。手続きの時に本人確認書類が必要か

本人確認書類の提出 — 本人確認書類提出にどのような操作が必要か。例えば、暗証番号などを覚えている必要があるか

審査 — 提出された身元確認情報に不備等がないか。例えば、撮影画像の場合に写真の切れやボケ等がないか

● 身元確認手法別の特徴

	ホ方式(P.82参照)	公的個人認証 (P.84参照)	デジタル身分証 (P.90参照)
本人確認書類の所持	複数種類の顔写真付き本人確認書類を利用可能	マイナンバーカードが利用できる	本人確認書類の所持は不要。ただし、事前登録が必要
本人確認書類の提出	撮影ステップが多く、途中離脱が発生	暗証番号の入力間違いによる途中離脱が発生	通常利用しているアカウント認証を用いて提出が可能
身元確認時の審査	写真のぼやけや切れ等による差し戻しが発生	提出が完了すれば即時に承認可能	提出が完了すれば即時に承認可能

複数の手法を用意することで、離脱率を低減

まとめ	☐ 身元確認の主な離脱は①本人確認書類の所持、②提出、③身元確認時の審査、3つのポイントが存在 ☐ 身元確認手法により離脱ポイントの影響度が異なる

個人情報の取り扱いに関する利用者の意識

● 不安を感じる利用者と求められる対応

デジタル本人確認では、個人情報のかたまりである本人確認書類の情報を送信することが一般的であるため、送信後の**個人情報の取り扱いについて不安を覚える利用者も存在**します。

右図のアンケートに示したとおり、オンライン身元確認（eKYC）を利用したことが無い回答者（4,965人）のうち、46.6%が「提供先の写真などのデータの保管や活用が不安・心配」、41.0%が「顔写真を送りたくない」とその理由を挙げています。さらに、過去には本人確認で取得した本人確認書類等の個人情報が流出した事案も発生しています（P.130参照）。

以上のような利用者の不安を払拭するために、**デジタル本人確認の導入にあたっては、適切な個人情報の取り扱いが重要**となります。

適切な個人情報の取り扱いのためには、個人情報保護法を遵守することが必要です。個人情報保護法の基本は、「当初定めた目的以外では利用しない」、「適切な安全管理措置を講じる」、「利用者の同意なしに第三者に個人データを提供しない」などであり、これら法令の内容を確認し、遵守する必要があります。

さらに、本人確認のためだけに個人情報を取り扱いたくない事業者は、本人確認サービスを提供している事業者に委託する等で、個人情報を取り扱うリスクを回避することが可能です。ただし、委託者は委託先の監督責任を有する点にご留意ください（監督責任についての詳細はP.118参照）。

● eKYC未利用者が持つeKYCに関する懸念や不安

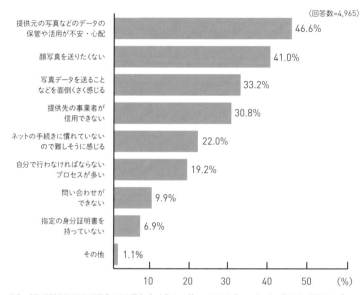

（回答数=4,965）

項目	割合
提供元の写真などのデータの保管や活用が不安・心配	46.6%
顔写真を送りたくない	41.0%
写真データを送ることなどを面倒くさく感じる	33.2%
提供先の事業者が信用できない	30.8%
ネットの手続きに慣れていないので難しそうに感じる	22.0%
自分で行わなければならないプロセスが多い	19.2%
問い合わせができない	9.9%
指定の身分証明書を持っていない	6.9%
その他	1.1%

出典：TRUSTDOCKとMMD研究による調査データ（https://mmdlabo.jp/investigation/detail_1986.html）

● 個人情報を適切に取り扱うための基本的な考え方

- 利用目的を明確にし、その目的以外の用途には利用しない
- 個人情報の漏えい等を防ぐために適切な安全管理措置を講じる
- 収集する個人情報は最小限とし、不要になったら速やかに消去する
- 開示、内容の訂正・追加または削除、利用の停止または消去への対応が必要
- 個人情報の取り扱いを委託する場合でも、監督責任がある
- 原則、利用者の同意なしに、利用者の情報を第三者に提供しない

まとめ	☐ デジタル本人確認の導入にあたっては、適切な個人情報の取り扱いが重要 ☐ 適切な個人情報の取り扱いのためには、個人情報保護法の遵守が必要

本人確認ではどのような情報が取得されているのか

● 機微（センシティブ）情報の取り扱いに注意が必要

本人確認のうち身元確認では、利用者が登録フォームなどに入力した氏名、住所、生年月日等と送られた本人確認書類の情報を突合・確認し、正しいものであることを確認します。そのため、本人確認書類の情報のうち、どのような情報を取得し、どのように取り扱うべきかを理解することが大切です。

本人確認書類に記載されているものの、取り扱いに注意が必要な情報もあります。例えば、**個人情報保護委員会と金融庁が公表している「金融分野における個人情報保護に関するガイドライン」では、機微（センシティブ）情報の一つとして、本籍地を挙げており**、本人確認書類として住民票の写しを利用する場合には注意が必要となります。また、本人確認書類として健康保険証を用いる場合には、保険者番号および被保険者等記号・番号について告知要求制限が設けられているため、マスキング処理等、当該情報を取得しないための処理が必要となります。

さらに、マイナンバーカードの画像の提出を求める場合には、法令等で定められている場合を除き、裏面のマイナンバーを誤って取得しないよう留意が必要です。なお、マイナンバーカードによる身元確認の代表例である公的個人認証では、マイナンバーは用いられていません。

以上のように、本人確認で取り扱う情報は機微なもの、かつ留意が必要なものが多く、取り扱いに詳しい本人確認サービスを提供している事業者に委託をすることもリスク軽減策になりえます。

◉ 身元確認で用いられている主な情報

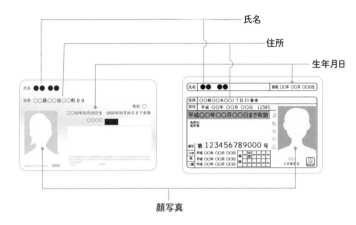

氏名

住所

生年月日

顔写真

◉ 留意が必要な情報の例

情報の種類	具体例
機微（センシティブ）情報※1	• 要配慮個人情報 • 門地 • 本籍地 • 保健医療に関する情報
医療保険の被保険者等記号・番号等※2	• 保険者番号および被保険者等記号・番号 等 被保険者証だけでなく、高齢受給者証、限度額適用認定証など、上記の記号・番号等が記載された書類等の提出を求めることは、すべて告知要求制限の対象
マイナンバー※3	• マイナンバー

 必要ない場合には取得しない

※1 個人情報保護委員会・金融庁「金融分野における個人情報保護に関するガイドライン」より
※2 厚生労働省「医療保険の被保険者等記号・番号等の告知要求制限について」より
※3「行政手続における特定の個人を識別するための番号の利用等に関する法律」より

まとめ	☐ 身元確認では、氏名・住所・生年月日・顔画像などを確認 ☐ 機微（センシティブ）情報やマイナンバーの取り扱いには要注意

本人確認で収集した個人情報の適切な取り扱い

● 不正アクセスのリスクを考慮し、適切な情報管理を行う

　サイバー犯罪が多発しています。総務省・警察庁・経済産業省によると、2022年の不正アクセス行為の認知件数は2,200件であり、年ごとにバラつきはあるものの、高い水準で推移しています。

　本人確認で取得した個人データも、不正アクセスのリスクに晒されています。過去にも、**マッチングサービスにおいて、不正アクセスにより100万人を超える規模の本人確認書類の画像データが流出する事案が発生**しています。この事例では、致命的なセキュリティ上の欠陥がなかったと報告されていることからも、個人情報管理の難しさが現れています。

　不正アクセスのリスクをゼロにはできません。そのため、**取り扱う情報を最小限にする、業務に不要な個人情報をアクセス可能な場所に置かない、不要なデータは速やかに削除し保存し続けない**などの対応が重要となります。実際に上記の事例では、**退会後10年間も会員情報を保有していたことが、被害を拡大する一因**となりました。

　また、データ保管の方法も重要です。例えば、暗号化や不必要な情報をマスキングするなどし、仮に漏えいしてしまった場合の被害を最小限とする対応も考えられます。

　こうした事例を教訓に、一度自社の個人情報の取り扱いについて見直してみることをおすすめします。

● 不正アクセスの発生件数

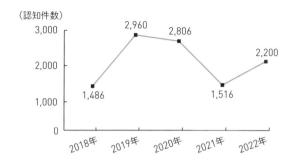

（認知件数）

出典：総務省・警察庁・経済産業省（2023）「不正アクセス行為の発生状況及びアクセス制御機能に関する技術の研究開発の状況（2023年3月16日付）」

● 個人情報の漏えいを防ぐために重要なこと

①不必要な個人情報を取得しない	本人確認に必要な情報（氏名・生年月日・住所等）を特定し、不必要な情報は取得しないようにする。例えば、「年齢確認」といった目的であれば、年齢情報のみを取得するなどの対応も考えられる
②不要となった個人情報は速やかに削除する	退会等で不要となった情報は、サービス運営で適切な期間を経た後速やかに削除する。ただし、法令等の求めやサービスの適切な運営のために保存しておくべき情報は、適切な期間保存する
③暗号化や不要な情報をマスキング処理などする	本人確認書類の画像を暗号化したり、本人確認書類で不要な情報は、必要に応じてマスキング処理を行うなどし、仮に漏えいした際の被害を最小限に抑える

まとめ	□ 本人確認で取得した個人情報の漏えいを防ぐためには、①不必要な個人情報を取得しない、②不要となった情報は速やかに削除する、③暗号化やマスキング処理する、などが重要

131

保有個人データの開示等の請求等における本人確認

　個人情報保護法では、保有個人データについて、①利用目的の通知、②開示、③内容の訂正・追加又は削除、④利用の停止又は消去（これらをまとめて「開示等の請求等」という）への対応が求められます。この規定はすべての保有個人データに対して必要であり、各企業が対応しています。

　この開示等の請求等に対応するためには、本人確認が非常に重要であり、デジタル本人確認を導入することが推奨されます。もしも、悪意のある請求や誤った請求に対して、他人の個人情報を開示してしまった場合には、個人情報の漏えい事案となってしまうからです。さらに、漏えいした個人データが個人の権利利益を害するおそれが大きいものであった場合、個人情報保護委員会への報告や本人への通知が義務付けられています。

　また、開示等の請求等は、国際的に個人情報保護法制の規範となっているOECD8原則における「公開の原則」と「個人参加の原則」に基づくものであり、個人の権利として尊重されるべき手続きです。そのため、デジタル本人確認を活用し、オンラインで手続きを完結できるようにすることが、申請者の利便性確保の観点からも重要です。

　なお、株式会社TRUSTDOCKでは、自社のオンライン開示請求にデジタル本人確認を用いた運用を行っています。さらに、このサービスは外部にも提供しており、一般社団法人全国銀行協会が運営する全国銀行個人信用情報センター（KSC）が行う個人信用情報の本人開示などにも活用されています。

Part

7

これからどうなる？

デジタル
本人確認の
展望

お財布から身分証のなくなる社会へ

● 進む本人確認書類のデジタル化

　近年、キャッシュレス決済の利用が急速に進んでいます。買い物の際、財布を持たず、スマートフォンのみで支払いを済ませてしまう人も増えました。しかし、お財布からキャッシュ（現金）が消えつつあるなか、変わらず入っているものが「身分証」です。本人確認書類や身分証のデジタル化も可能なのでしょうか。

　政府は、2023 年 5 月 11 日から、マイナンバーカードの電子証明書機能のスマートフォンへの搭載を始めています。これは、生体認証やパスワードの入力により、スマートフォンのみでマイナンバーカードの電子証明書機能を活用した本人確認が完結できる仕組みです。現在は、Android のみの対応（2023 年現在）とされているため、社会全体で利活用を広げるためには、iOS での対応が待たれます。

　海外諸国へ目を向けると、日本のマイナンバーカードや運転免許証に相当する本人確認書類のデジタル化が進んでいます。例えば、シンガポールでは Singpass が特徴的であり（P.68 参照）、米国の複数の州では、モバイル運転免許証（mDL）の実用化が始まっています。この他、EU では、政府主導で「欧州デジタル ID ウォレット」の枠組みの構築が進められ、2024 年 6 月までの施行を目指すこととされています。

　近い将来、本人確認書類はデジタル化され、お財布からなくなっていく、また、お財布自体がデジタル化し、なくなっていく可能性もあります。

● 各国における身分証のデジタル化の動き（主なもの）

アメリカ合衆国
「モバイル運転免許証
（mDL）」
カリフォルニアなど複数
の州で利用されている

EU
「デジタルIDウォレット」
eIDAS規則改正案によ
り、希望する全EU市民、
在留者、企業が利用可
能なEU Digital Identity
Walletの発行を各加盟
国に義務付けている

シンガポール共和国
「Singpass Mobile」
パスワードや生体認証を
活用し、行政サービスの
みならず民間サービスに
も利用可能

英国
「Yotti」
民間発のデジタルID。オ
ンラインでの個人認証、
身元証明（社員証など）、
オンラインサイトや店舗
での年齢証明として利用
されている

● 「デジタル身分証」（TRUSTDOCK）

身元確認結果を
スマホと連携する
ことで、本人確認書類
の携帯が不要に

（株式会社TRUSTDOCK提供）

| まとめ | □ お財布に変わらず入っているものは本人確認書類 |
| | □ 海外諸国では、本人確認書類のデジタル化が進んでいる |

何度も本人確認をしないですむ
社会とするために

●日本でのデジタル身分証の登場

　これまでも解説してきたように、現在のデジタル本人確認の主な手法では、マイナンバーカードの電子証明書機能を活用した場合も、IC チップ情報を読み取り、自分の顔写真と一緒に送信する場合も、本人確認書類を手元に持っておく必要があることには変わりありません。しかし、政府がマイナンバーカードの電子証明書機能のスマートフォンへの搭載を開始したことを契機に、本人確認書類のデジタル化が加速することが期待されます。**デジタル庁では、2024 年度に個人向けの新たな認証アプリを提供すると公表しており、スマートフォン完結型の本人確認が急速に広がっていく可能性があります。**

　民間事業者も、同様のプロダクトをリリースしています。例えば、デジタル身分証（P.90 参照）では、他社のサービス利用時に行った身元確認結果を活用することで、何度も本人確認を行う手間を省くだけでなく、サービスごとの利用目的に応じて必要最小限な個人情報の提供が可能となります。

　本人確認、特に身元確認において、一定の保証レベルを確保するためには本人確認書類が不可欠です。

　現在は、サービスごとに本人確認書類の情報を提供しなければなりませんが、今後、ユーザーの意思で自らの**情報の利活用範囲をコントロールできるようにするためにも、デジタル身分証のような**プロダクトの利用が広がっていくことが期待されています。

● 本人確認フローの変化

例えば、他社のサービス利用時に行った身元確認結果を活用することで、何度も本人確認を行う手間を省くことや必要最小限な個人情報の提供が可能になる。

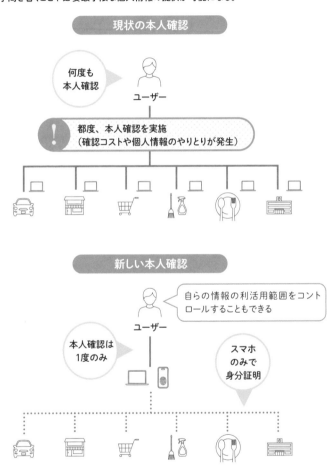

サービスの利用に必要な情報のみ連携

まとめ	☐ 政府の動きを受け、本人確認書類のデジタル化が加速する機運が高まっている
	☐ ユーザーが自らの情報をコントロールできる製品が期待されている

デジタル本人確認とプライバシー

◉ デジタル本人確認では選択的に個人情報を提供可能に

　デジタル本人確認の広がりは、個人情報の管理にも影響を及ぼします。具体例を年齢確認のシーンで考えてみましょう。

　お酒やたばこの購入、また、カラオケやネットカフェの夜間利用など、日常生活で年齢確認を求められる場面はたびたびあります。こうした場合には、現状では本人確認書類を提示して、生年月日を確認することで、サービスを提供してよい年齢であることを確認しています。一方で、**本来であればこうした場面ではサービスを提供してよい年齢を上回っているかを確認できればよいにもかかわらず、本人確認書類に記載されているその他の不必要な個人情報を提供することになります。**これは、その人の年齢がサービスを提供してよい年齢であるか確認する際に、提示された本人確認書類がその人のものであるかも確認する必要があるためですが、プライバシーの観点からは理想的とは言えません。

　こうしたケースでは、先に紹介したデジタル身分証の仕組みが効果を発揮します（P.90参照）。デジタル身分証の場合では、あらかじめ身元確認を行った結果のうち、必要な情報（例えば、年齢が20歳以上か否か）のみを提供することで、プライバシーに配慮した年齢確認を行うことができます。

　130ページにもあるように、情報漏えいリスク等を踏まえると、不必要な個人情報のやりとりは望ましくありません。**デジタル本人確認を活用することで、利用者のプライバシーにも配慮した本人確認が広がると考えられます。**

● デジタル本人確認を用いた年齢確認

デジタル本人確認の特徴

・正確な情報を送信
・プライバシーに配慮
・操作が簡単

● 主な想定利用シーン

サービスを提供する際の年齢確認	18歳以上や20歳以上などサービスを提供してよい年齢かどうかを確認する
年齢割引や誕生日の特典	学生割引やシニア割引、誕生日特典などの適用対象かどうかを確認する
県民割・住民割	県民や住民向けサービスの対象かどうかを確認する

氏名や顔写真等が不要であり、プライバシーを最大限保ちながら、正確な情報を提出することが可能

まとめ　□ デジタル本人確認では、プライバシーを保ちつつ正確な情報を簡単に共有することが可能

ゲーム上やメタバースにおける
アバターの本人確認

● 本人性の確認と匿名性の確保のバランス

インターネット上での自分自身の分身を表すキャラクターを「ア
バター」と言います。オンラインゲームや近年注目を集めるメタバー
スなどでは、バーチャル空間で様々な交流や活動を行うために仮想
空間の自分自身に該当するアバターが重要な役割を果たします。こ
うしたアバターと本人確認の間には、決められた対応関係は存在し
ていませんが、**アバターの本人性は重要なトピック**です。

まず、アバターの本人確認が必要かという問題があります。「現実
の自分とは違った自分になる」ことがアバターの魅力の一つとする
と、本人確認は「現実世界の自分とアバターとの対応関係を確認す
る手続き」とも言え、利用者にとっては望ましくない可能性があり
ます。一方、**メタバースでは暗号資産を使った土地所有やバーチャ
ルイベントなど経済活動も行われ**ており、なりすましによる不正（金
銭的被害・誹謗中傷等）リスクも大きなものとなる可能性があります。

さらに、アバターは、1人が複数のアバターを利用したり、1つの
アバターを複数人が利用することもあります。アバターを設定する
主体の本人確認については、提供するサービスによってグラデーショ
ンが生じるのが自然です。

メタバースは、現時点では各プラットフォームで閉じたサービス
であり、各サービスの特性やリスクを踏まえ、本人確認の要否を各
社が判断することができます。一方、そうしたサービスが連携する（ま
さに「メタ」バースになる）未来には、利用者の安全・安心を確保
する観点から、本人確認を含めた何らかの指針が求められます。

● アバターにおける不正防止対策

	メリット	デメリット
本人確認	実在する本人との紐付けが強固になり、不正全般のリスクを低減できる	匿名性が毀損され、利用者の不満につながる可能性
支払手段の登録	匿名性を保ちつつ、未払いを防ぐことが可能	決済手段そのものが不正に取得されたものであるリスクも残る
アバターの接近距離の制御	アバター間の接触に起因するトラブルを未然防止することが可能	暴言等、接触を伴わないトラブルは防ぐことができない

メタバース「VRChat」で
使用されるアバターの例

● メタバースにおけるアバターの特徴

匿名性
リアルな自分に似せたアバター以外に、アニメキャラや動物などのアバターも利用可能

アバターと本人の紐付け
1人が複数のアバターを利用するシーンや、1つのアバターを複数人が利用するシーンなどバリエーションが様々

経済活動を含め活動の幅が広い
単なる交流を越え、経済活動を伴う場合があるため、なりすまし不正発生時の損害(金銭的被害に加え、誹謗中傷等も含まれる)も大きくなる

マルチプラットフォーム
複数プラットフォーム間の相互乗り入れが実現した場合には、1つのプラットフォームの脆弱性が、全プラットフォームに波及する

! 厳密な本人確認を行えばよいわけではない。他方で、将来的なプラットフォーム間連携も見据えた指針を整理することが望まれる

まとめ	☐ 仮想空間の自分自身であるアバターの本人確認は重要な論点 ☐ なりすましの防止だけでなく匿名性の確保もポイント

デジタル技術を活用した資格証明

● 検証可能な資格情報：Verifiable Credentials

　日常生活には、個人が持っている技術や資格、経歴などを証明したいシーンが多数存在します。その代表例が資格証明など、その人に紐付く「属性」を証明するケースです。例えば、運転免許は運転免許証にのみ含まれます。また学位取得や語学検定など様々な資格を証明する書類はバラバラに存在します。

　こうした**属性を証明する仕組みとして定義されたのが、Verifiable Credentials（VC）です。**VC は、Web の標準化団体である W3C（World Wide Web Consortium）が 2022 年に最終仕様案を公表しており、今後資格証明の標準技術として拡大していくことが期待されています。**VC は、「発行者」「保有者」「検証者」の三者で構成され、ブロックチェーン等に設けた「データレジストリ」に属性の検証に必要な情報（公開鍵など、P.76 参照）を格納**します。

　具体的な事例として、大学の卒業証明について考えてみましょう。この場合、発行者は大学、保有者は卒業生（本人）、検証者はその卒業証明を必要とする企業等です。卒業生は、大学から卒業証明をVC として発行してもらい、必要に応じてそれを企業等に提供します。企業等は、受け取った VC を検証することで、大学に問い合わせる必要なく、卒業証明の真正性を確認することができます。

　この **VC の仕組みは、デジタル庁の「新型コロナワクチン接種証明書アプリ」や海外で導入されている「モバイル運転免許証（mDL）」にも用いられ、資格証明において重要な技術**と言えます。

● Verifiable Credentialsの概要

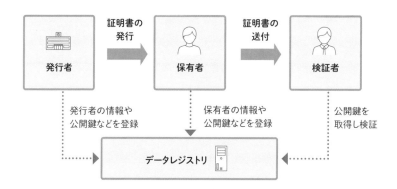

● 入社時に大学の卒業証明書を送る事例

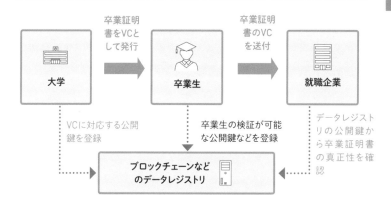

主なメリット	・卒業証明書の真正性を証明できる（信頼するのではなく、検証可能） ・完全オンラインでの手続きが可能 ・公開鍵が残っている限り有効性を証明できる

まとめ	□ 日常生活では、資格など本人に紐付く属性を証明したいシーンが多数存在 □ 属性を証明する仕組みの代表例が Verifiable Credentials である

広がる顔認証の活用

● 注目される顔認証技術とは

　近年、顔認証の活用シーンが拡大しています。身近なものとしてはスマートフォンのロック解除がありますが、それ以外にも施設への入退室、無人店舗での決済、ホテルや空港のチェックイン、電車の自動改札など、様々な利用シーンが登場しています。利用者にとって「顔パス」で済む当人認証は、利便性が高い認証方法と言えます。

　顔認証では、その場で撮影した顔画像から抽出した特徴量と、あらかじめ登録してある顔画像から抽出した特徴量を照合し、同一人物であるかどうかを判定します。顔認証をはじめとした**生体認証では、「本人拒否率」と「他人受入率」という考え方が重要**になります。本人拒否率とは、本人であるにも関わらず誤って他人と判定してしまう割合、他人受入率とは、他人であるにも関わらず誤って本人と判定してしまう割合のことです。本人拒否率と他人受入率はトレードオフの関係にあり、片方を低くするともう片方が高くなる性質があります（右下図参照）。顔認証の運用にあたっては、利用シーンに応じ、両者を踏まえることが重要です。

　また、顔認証で取り扱う顔画像から抽出した特徴量の取り扱いにも留意が必要です。**生体情報は、仮に流出してしまった場合に変更することが難しい**という特徴があります。特にネットワーク上に生体情報を格納する場合には、情報が漏えいしないよう、適切な安全管理措置を講じる必要があります。

　顔認証は利用者にとって利便性の高い認証方法ですが、生体情報を取り扱う性質上、情報の取り扱いにも留意が必要です。

◉ 顔認証の活用シーン

顔認証により顔パスで改札を通過できる。

◉ 生体認証の精度

判定精度を高めて他人受入率を下げるほど、本人拒否率が上がる。

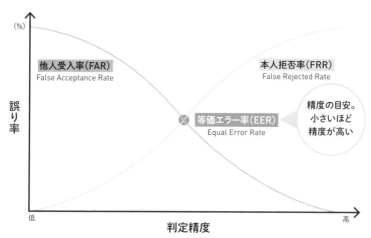

(%)

他人受入率(FAR)
False Acceptance Rate

本人拒否率(FRR)
False Rejected Rate

等価エラー率(EER)
Equal Error Rate

精度の目安。
小さいほど
精度が高い

誤り率

低　　　　　　　　　　判定精度　　　　　　　　　　高

まとめ	☐ 近年、顔認証の活用シーンが拡大 ☐ 生体認証は利便性の高い認証方法だが、生体情報の取り扱いには要注意

デジタル本人確認は、デジタル社会に不可欠な社会基盤に

● 普及拡大には官民連携、国際連携がカギ

本書の冒頭で、本人確認は日常生活に不可欠であることを説明しました。それをデジタル化するデジタル本人確認の利用は、eKYCを含め、今後一層拡大することが予測されます。近い将来、本人確認書類を持ち歩かず、スマートフォンのみで本人確認を完結するのが当たり前の社会になるかもしれません。

デジタル本人確認は、官民あらゆるサービスに導入されていますが、行政機関向けの指針が存在するのに対し、民間事業者に対しては、法令や政府の指針等に定めのあるサービスは一部に限られます。**キャッシュレス決済のように、誰もが安心して、かつ便利に利用できる社会基盤とするためには、24 ページで紹介した「民間事業者向けデジタル本人確認ガイドライン」も踏まえ、官民いずれのサービスにも共通する一般原則が必要になってきています。**

また、海外諸国でも、官民横断的な本人確認に関する基準の策定や改訂が進められているので、**国際的な相互運用性（インターオペラビリティ）の確保も求められています。**

安全・安心なデジタル社会を構築する上で、デジタル本人確認は最も重要です。

デジタル庁のリーダーシップのもと、官民連携、国際連携により、必要な規制の整備や多様な社会への配慮などにも取り組むことで、信頼度の高いデジタル本人確認が広がることが望まれます。

◉ デジタル本人確認は、デジタル社会に不可欠な社会基盤に

デジタル本人確認は、水道や電気、医療などと同じく、社会に不可欠なインフラするためには、
安全性と利便性の両立を確保していく必要がある。

官民いずれのサービスにも共通する一般原則が必要に

行政手続ガイドライン	民間事業者向けガイドライン

- 脅威に必要とされる保証レベルの整理、偽造対策に関する技術
- 公平性、適切な個人情報の取り扱い 等

◉ 官民連携、国際連携がカギ

信頼度の高いデジタル本人確認を広げるためには、官民連携、国際連携がカギとなる。

官民連携により
ユースケースを
拡充

国際連携により
相互運用性を
確保

必要な規制の整備　　　多様な社会への配慮

まとめ	□ デジタル本人確認を社会基盤にするために、官民連携して、必要な規制の整備、国際的な連携等を進めていくことが望まれる

マイナンバー法の改正と
加速するデジタル社会の推進

2023年6月2日、マイナンバー法の改正案が国会審議を経て、可決・成立しました。改正法には、デジタル庁の検討会での議論・検討の結果等を踏まえた各種改正事項が盛り込まれています。

普及促進から利活用促進の段階へ

改正法は、新型コロナウィルス感染症等の経験から社会の抜本的なデジタル化の必要性が顕在化している中で、デジタル社会の基盤であるマイナンバー、マイナンバーカードについて国民の利便性向上等を図ることを目的とする旨、説明されています。マイナンバーカードの累計申請件数が9,600万件を超える中(2023年5月時点)、これまでの普及促進フェーズから、「マイナンバー」と「マイナンバーカード」の利活用促進に軸足が移り始めているとも捉えることができるでしょう。このような観点から、主な改正事項を分類すると以下のように整理できます。

〈マイナンバーの利活用促進〉

国家資格や在留資格に関する手続きなど、社会保障・税制・災害対策以外の行政事務にもマイナンバーの利用を可能にするものです。対面・郵送での書類のやりとりのデジタル化が可能となり、書類の添付が省略可能になるなど、利便性の向上が見込まれます。また、従来は、法律に規定のない事務は、法定事務と類似するものでも、マイナンバーを活用した行政機関での情報連携が行えず、新規の情報連携には、法律改正とシステム対応に期間を要しましたが、法定事務に「準ずる事務」(性質が同一であるもの)であればマイナンバーの利用を可能とする規定や、法定事務も下位法

令で追加可能とする枠組みを設けるなど、マイナンバーを活用した迅速な情報連携を可能とする規定も盛り込まれています。

〈マイナンバーカードの利活用推進〉

在外公館でのマイナンバーカード交付や、郵便局での交付申請を可能とするなど、カード取得の負担軽減が図られています。また、カード券面には、官民問わず各種申請での本人同定に活用されている氏名のフリガナ記載の追加や、カードの海外利用を見越したローマ字表記も記載可能とするなど、カードそのものの使い勝手向上のための措置が盛り込まれています。

〈誰一人取り残されない〉

健康保険証の廃止にあわせ、オンライン資格確認を受けることができない状況にある方を念頭に置いた「資格確認書」の提供、乳児向けの顔写真無しのマイナンバーカードの交付措置も盛り込まれています。政府は、「誰一人取り残されない」を掲げ、個々人の多種多様な環境やニーズを踏まえて、利用者目線できめ細かく対応し、誰もが、いつでも、どこでも、デジタル化の恩恵を享受できる社会の実現を目指しています。これらの措置も「誰一人取り残されない」デジタル社会の実現を意図した施策と言えるでしょう。

加速するデジタル社会の推進

マイナンバー法の改正とともに「デジタル規制改革推進の一括法案」も国会審議を経て可決・成立しました。これは、デジタル規制改革を政府の責務として明確に位置付けるとともに、各法令に存続するアナログ規制の見直しのための措置を講じるものです。

両改正法からは、デジタル社会の実現を目指す政府の本気度が伺えます。

Index

■ 問い合わせについて

本書の内容に関するご質問は、下記の宛先までFAXまたは書面にてお送りください。
なお電話によるご質問、および本書に記載されている内容以外の事柄に関するご質問にはお答え
できかねます。あらかじめご了承ください。

〒162-0846
東京都新宿区市谷左内町21-13
株式会社技術評論社　書籍編集部
「60分でわかる!　デジタル本人確認&KYC 超入門」質問係
FAX:03-3513-6181

※ご質問の際に記載いただいた個人情報は、ご質問の返答以外の目的には使用いたしません。
　また、ご質問の返答後は速やかに破棄させていただきます。

60分でわかる!
デジタル本人確認&KYC 超入門

2023年7月27日　初版　第1刷発行

著者……………………神谷 英亮、笠原 基和、中村 竜人、渡辺 良光

発行者…………………片岡巌
発行所…………………株式会社 技術評論社
　　　　　　　　　　　東京都新宿区市谷左内町 21-13
電話……………………03-3513-6150　販売促進部
　　　　　　　　　　　03-3513-6185　書籍編集部
編集・レイアウト……宮崎綾子（Amargon）
担当……………………秋山絵美（技術評論社）
装丁……………………菊池　祐（株式会社ライラック）
本文デザイン・DTP…山本真琴（design.m）
イラスト………………小坂タイチ
作図協力………………STUDIO d³
製本／印刷……………大日本印刷株式会社

ISBN978-4-297-13593-5 C3055
Printed in Japan